《人工智能读本》编写委员会

人工智能

读本

《人工智能读本》编写组

ARTIFICIAL
INTELLIGENCE

人民出版社

目　录

序　一

推动新一代人工智能健康发展

科技部党组书记、部长 王志刚

自1956年“人工智能”概念提出以来，经过60多年的演进，特别是在移动互联网、大数据、超级计算、传感网、脑科学等新理论新技术以及经济社会强烈需求的共同驱动下，人工智能加速发展，呈现出深度学习、跨界融合、人机协同、群智开放、自主操控等新特征，科技界称之为“新一代人工智能”。当前，新一代人工智能相关学科发展、理论建模、技术创新、软硬件升级等整体推进，正在对科技进步、产业结构和形态、经济发展、社会投资和就业，以及民生福祉、国际政治经济格局等产生重大而深远的影响，也成为当前全球热议的第四次工业革命的关键支撑。

中国高度重视人工智能发展，习近平总书记专门主持召开以人工智能为主题的中央政治局第九次集体学习会，并就推动人工智能和实体经济深度融合、促进人工智能健康发展等作出系列重要指示。2017年国务院发布实施了《新一代人工智能发展规划》，在各部门、各地方和社会各界的共同努力下，规划任务部署陆续落实。人工智能重大项目启动实施，开放创新平台加快布局，学科建设取得突破，人才培养力度不断加大，创新创业蓬勃开展，全社会支持人工智能发展的认识逐步一致，良好氛围正在形成。

目前，我国人工智能总体水平跻身全球第一方阵，特别是应用走在了世界前列，应用领域广、产业渗透深，是世界少见的。中文信息处理、生物特征识别、机器翻译、智能处理器、自动驾驶和智能机器人等技术方向上紧跟世界前沿，人工智能论文总量和高被引论文数量、专利授权量居世界前列。一批龙头骨干企业加速成长。人工智能与制造、农业、物流、金融、商务、家居等重点行业加快融合，在教育、医疗、养老、政务、司法、城市管理、环境保护等社会民生领域的应用日益广泛。加速积累的技术能力与海量的数据资源、巨大的应用需求、开放的市场环境有机结合，形成了我国新一代人工智能发展的独特优势。

对于本轮人工智能的发展热潮，要保持一种理性的态度和谨慎的乐观，切忌浮躁，不要盲目跟风。当前人工智能仍是一个新兴领域，正处于从实验室走向产业化的起步阶段，还面临一系列挑战，还有很多基础性的科技难题没有突破。比如，牛顿提出自然哲学的数学原理奠定了经典力学的基础，香农提出通信的数学原理奠定了现代信息通信的基础；那么，人工智能的数学原理有什么新的突破？再比如，在人机关系方面，以前的技术只对物有影响，现在的技术开始模仿人、影响人，需要考虑人与机器的交互融合。这些重大问题还没有得到根本性的解决。

同时，我们也要清醒地看到，我国人工智能整体发展水平与世界领先国家相比仍存在差距，缺少重大原创成果，在基础理论、核心算法以及关键设备、高端芯片、重大产品与系统、基础材料、元器件、软件与接口方面差距较大；科研机构和企业尚未形成具有国际影响力的生态圈和产业链，缺乏系统性超前研发布局；人工智能尖端人才远不能满足需求；适应人工智能发展的基础设施、政策法规和标准体系亟待完善。

发展人工智能是一项事关全局的系统工程，我们要加强谋划，形成人工智能健康持续发展的路径。

一是构建开放协同的人工智能科技创新体系。针对原创性理论基础薄弱、重大产品和系统缺失等重点难点问题，要充分汇聚科学家、企业家和社会各界的力量，融合自然科学、社会科学等多个学科领域，加快实施重大科技项目，在基础理论和关键核心技术方面取得重大突破，布局建设重大科技创新基地，加强人工智能人才队伍建设，进一步夯实人工智能发展的基础。

二是推进人工智能与经济社会发展深度融合。实现人工智能健康快速发展，不仅需要技术突破，还需要在应用中锤炼技术、培育市场。要大力培育人工智能新兴产业，推动人工智能最新科技成果的转化应用，加快重点行业和民生领域的应用示范；培育更多人工智能领军企业，带动一大批中小企业创新发展；引导相关行业的龙头企业加速智能化改造步伐；加强人工智能军民融合创新。

三是建立确保人工智能安全可控的治理体系。任何一项新技术的出现都是一把“双刃剑”，人工智能在促进经济社会发展的同时，也会带来改变就业结构、冲击法律与社会伦理、侵犯个人隐私、挑战国际关系准则等新挑战。政府部门、研究机构和社会各界人士要充分认识到人工智能具有科技属性和社会属性高度融合的特点，在大力发展人工智能的同时，加强潜在风险研判和防范，努力在应用中趋利避害，确保人工智能走上安全可靠可控的发展轨道。

四是全方位推动人工智能开放合作。人工智能技术发展必将惠及全球，也将给各国带来新的挑战。我们将始终秉承开放合作的态度发展人工智能，与各国携手探索人工智能的科学前沿，共同推动人工智能的创新应用，共同开展人工智能重大国际共性问题的研究，特别是在法律法规、伦理规范、国际规则等人工智能治理方面加强合作。

当前，全球智能化浪潮蓬勃兴起，智能社会的宏伟图景正在向我们展现。人工智能将与每一个人的生活、工作更加息息相关。什么是人工智能、人工智能的发展现状如何、怎样才能更好推动人工智能健康发展等应该成为政府、企业和社会各界共同关注的议题。习近平总书记在中央政治局第九次集体学习会上要求，各级领导干部要努力学习科技前沿知识，把握人工智能发展规律和特点。编写《人工智能读本》的目的就是让广大领导干部和社会各界人士更好了解人工智能、关注人工智能，为拥抱人工智能时代做好知识储备。如果这本书能在这方面发挥一些作用，就是该书编写者为全社会做的一件十分有意义的事。我们相信，在以习近平同志为核心的党中央坚强领导下，在各部门、地方和社会各界积极参与和共同努力下，我国人工智能将持续健康发展，为我国实现高质量发展、建设世界科技强国和社会主义现代化强国作出积极贡献。

序　二

共同拥抱人工智能时代

国务院研究室原主任 魏礼群

2015年4月，中国行政体制改革研究会承担了国家社科基金特别委托项目“大数据治国战略研究”。我作为首席专家带领课题组遵循立项规划，按照《国家社会科学基金项目资金管理办法》及其他有关规定的要求，积极开展研究工作，取得重要成果。其中，《大数据领导干部读本》发行10多万册，为推动大数据治国战略的制定和施行发挥了重要作用；为推广普及大数据知识、传播大数据治国理念、深化大数据理论和学术研究发挥了引领作用。这里推出的《人工智能读本》一书，是课题组进一步深化研究的又一重要成果。

“人工智能”这个概念是在1956年出现的，当年在美国的达特茅斯学院召开的、被普遍认为是人工智能开端的学术会议的主题是：用机器来模仿人类学习以及其他方面的智能。“人工智能”概念提出60多年来，全球人工智能发展经历了数次浪潮。本次浪潮由大数据、机器学习、高速网络、资本市场等多重因素共同推动，呈现出跨界融合、人机协同、自主操控等新特征。近年来，全球范围信息技术迅猛发展，人工智能革命方兴未艾、大放异彩。世界各国纷纷出台指导战略，相继投入大量资源开发和应用人工智能技术。毋庸置疑，人工智能从广度和深度上对经济社会的影响将超过以往历次技术革命，并将重塑全球经济竞争格局，揭开人类一个新时代的帷幕。

党中央、国务院高度重视人工智能技术的发展与应用。2018 年 10 月，中共中央政治局专门就人工智能发展现状和趋势举行集体学习，习近平总书记强调：人工智能是新一轮科技革命和产业变革的重要驱动力量，加快发展新一代人工智能是事关我国能否抓住新一轮科技革命和产业变革机遇的战略问题。李克强总理在 2018 年政府工作报告中提出要加强新一代人工智能研发应用，在 2019 年政府工作报告中提出了拓展“智能 +”，为制造业转型升级赋能的要求。“智能 +”已经开始接棒“互联网 +”，人工智能正成为今后改造传统行业的新抓手。近年来，我国人工智能发展迅速，人工智能技术在经济社会发展、公共服务、社会治理和人民生活等多个方面得到广泛应用。

人工智能决定着生产方式和数字经济的发展壮大。人工智能的深入应用，可以形成新动能。人工智能与实体经济的融合发展，特别是与制造业的深度融合发展，可以推动传统产业转型升级，还可以形成新产业新业态。人工智能颠覆着社会生产方式与思维认知，有力地驱动着社会向智能化、智慧化方向发展，是诸多行业发展的新引擎。人工智能代表着数字技术发展的新阶段和新维度，人工智能与产业的融合将成为我国经济发展的大趋势。人工智能的进一步发展将在很大程度上决定新一代信息技术、高端装备、生物医药、新能源汽车、新材料等新兴产业的发展，也决定着数字经济的发展壮大。

人工智能影响我国社会生活的各领域。中国特色社会主义进入新时代，我国社会主要矛盾已经转化为人民日益增长的美好生活需要和不平衡不充分的发展之间的矛盾。人民美好生活需要日益广泛，不仅对物质文化生活提出了更高要求，而且在民主、法治、公平、正义、安全、环境等方面的要求日益增长。人工智能对社会生活领域的各个方面都会产生巨大的影响。在房地产、汽车、金融、教育、医疗等行业，运用人工智能，可以大幅提高智能化水平。人工智能技术的不断成熟和广泛应用，为政府治理提供科学、高效、可靠的新方法和新路径，智慧治理将成为政府治理现代化的新标志。总之，人工智能将更多更好造福人民。

同时，人工智能的发展也给社会生产和社会生活带来一些新问题。人工智能作为具有颠覆性的新技术，对社会发展模式会产生重大影响，也会给网络安全带来风险与威胁。世界经济论坛发布的《工作的未来》报告指出："2025 年，人类完成的工时比例将从现在的 71% 下降到 48%，而剩下的 52% 将由机器和算法去完成。"在人工智能技术的影响下，传统工业化时代重要的人口红利很可能成为新型经济模式下的"不良资产"。人工智能时代国家治理格局需要根据经济基础的变化进行调整，作为大工业时代产物的科层制管理体系应该如何适应人工智能技术发展的要求，将成为影响国家政治和社会稳定的重要因素。人工智能技术的运用还会进一步拉大国家间的战略设计与战略执行能力的差距，人工智能技术的潜力一旦得到更大释放，将使得国际竞争格局发生更加深刻变革。人工智能技术在政府治理过程中，也会产生一些行政伦理问题和个人信息安全保护方面的难题。

人工智能是一个复杂的系统问题，涉及国家治理、经济、技术、法律等多个层面，也涉及社会发展和家庭建设。人工智能国家战略的实施还会受制于技术、人才、体制、环境等许多因素。实施人工智能国家战略涉及范围极广、影响程度极深，需要多方面参与，形成合力，也需要广泛凝聚社会共识。

推进人工智能国家战略对领导干部和普通群众都提出了新的要求。对于广大干部来说，运用人工智能推动经济社会健康发展与有效治理是提升领导能力的基本要求，必须解决好人工智能技术怎么用、怎么做的问题。对于广大群众来说，由于人工智能日益渗透到金融、交通、医疗、教育等与百姓日常生活密切相关的诸多领域，也需要了解人工智能知识、用好人工智能技术，消除对人工智能的恐惧和错误认识。为了普及人工智能知识，也为了引起社会各界的关注，共同助力人工智能国家战略发挥积极作用，我们“大数据治国战略研究”课题组组织编写了这部《人工智能读本》。该书以习近平新时代中国特色社会主义思想为指导，以国家顶层设计和战略部署为背景，将理论知识和实践经验相结合，通过生动的案例和图文并茂的方式，对人工智能的历史发展，我国人工智能的国家战略，人工智能在经济发展、民生改善、政府治理等方面的广泛应用和重大意义，我国主要城市及重点地区人工智能产业创新状况进行深入介绍，对国外主要国家人工智能的实践和启示，以及人工智能对就业、法律制度、伦理道德等带来的挑战和应对，作了简明通俗的阐释，旨在助力人工智能的普及工作。该书内容丰富，适读群体广泛，实用性强。我们期望此书能够为广大干部和读者掌握人工智能知识、更好拥抱人工智能时代作出积极的贡献。让我们共同拥抱人工智能时代，迎接人类社会更加美好的未来！

第一章

什么是人工智能

人工智能的概念

人工智能的起源和发展

第三次人工智能浪潮

人工智能的核心技术体系

迎接“新智能时代”

1997 年，一台名为“深蓝”（Deep Blue）、重达 1.4 吨的 IBM 超级电脑将棋盘上一个兵走到 C4 位置，人类有史以来最伟大的国际象棋大师卡斯帕罗夫不得不拱手称臣。这场举世瞩目的人机大战以计算机取胜而落下帷幕，引起世界轰动。

2016 年，谷歌旗下公司开发的围棋机器人“阿尔法狗”（AlphaGo）大战李世石，相较于“深蓝”对卡斯帕罗夫 3.5：2.5 的险胜，阿尔法狗以 4：1 的大比分宣告了人工智能的彻底胜利，随即震惊世界。围棋天

1997 年超级计算机“深蓝”战胜国际象棋大师卡斯帕罗夫

才少年柯洁听闻后，曾在微博公开喊话："阿尔法狗胜得了李世石，胜不了我。"不料，话音落地不到一年，他在与阿尔法狗升级版的对阵中被对手层层击退，最终 3∶0 落败。邂逅阿尔法狗后，柯洁被人工智能"圈粉"，感慨有幸见到了真正无敌的存在，并多次在公开场合表态"未来是属于人工智能的"。

从"深蓝"到"阿尔法狗"，两代人工智能的胜利看似是历史重现，实则有着天壤之别。"深蓝"是专注于国际象棋的、以暴力穷举为基础的特定用途人工智能；而"阿尔法狗"则是几乎没有特定领域知识的、基于机器学习的、高度通用的人工智能，专家推算其计算能力约是"深蓝"的 3 万倍。国际象棋的复杂度约为 10 的 46 次方，而拥有更大棋盘（19×19）的围棋的复杂度约为 10 的 172 次方，过去 20 年间没有人工智能敢于在围棋领域向人类宣战，"阿尔法狗"的获胜难度和意义可见一斑。可以说，"深蓝"只是一个象征性的里程碑，而"阿尔法狗"的出现则更具实用价值和跨时代意义。

在"人工智能"概念提出 60 多年后的今天，计算机运算能力飞速提升，计算成本快速下降，深度学习算法快速进化迭代，互联网和物联网高速发展积累起海量数据，将共同推动人工智能在智能机器人、智能金融、智能医疗、智能安防、智能驾驶、智能搜索、智能教育、智能制造系统及智能人居等多个领域取得巨大突破，一些困扰人类多年的重大经济社会问题有望得到解决。毋庸置疑，与之前的蒸汽革命、电力革命、信息革命相比，人工智能对经济社会的影响将远超历次技术革命，并将重塑全球产业经济竞争格局，揭开一个新时代的帷幕。

一、人工智能的概念

工业革命开创了以机器代替手工劳动的时代，机器开始代替人类进行部分工作从而极大解放了人类。后来，随着计算机技术和信息网络的快速发展，人类不再满足于操作机器去完成具体任务，于是萌发了让机器自主帮助人类完成工作的构想，以求在更深层次实现人的解放，人工智能（Artificial Interlligence，AI）应运而生。

什么是人工智能？人工智能涉及的领域十分广泛，涵盖多个大学科和技术领域，如计算机视觉、自然语言理解与交流、认知与推理、机器人学、博弈与伦理、机器学习、统计学、脑神经学等，这些领域和学科目前尚处于交叉发展、逐渐走向统一的过程中，所以很难给人工智能下一个全面、准确的定义。美国斯坦福大学人工智能研究中心的尼尔逊教授认为，“人工智能是关于知识的学科——怎样表示知识以及怎样获得知识并使用知识的科学”。麻省理工学院的温斯特教授认为，“人工智能就是研究如何使计算机去做过去只有人才能做的智能工作”。我们认为，总的来说，人工智能是模拟实现人的抽象思维和智能行为的技术，即通过利用计算机软件模拟人类特有的大脑抽象思维能力和智能行为，如学习、思考、判断、推理、证明、求解等，以完成原本需要人的智力才可胜任的工作。从这个意义上看，人工智能既可以捕捉海量的信息和知识，又可以以极高速度进行思维和运算，是海量知识和高速思维的结合体。

目前，产业界认为人工智能进化可能会经历三大发展阶段。一是弱人工智能（Artificial Narrow Intelligence，ANI），只专注于完成某个特定的任务，例如语音识别、图像识别和翻译，擅长于单个方面的人工智能，发展程度并没有达到模拟人脑思维的程度，属于“工具”范畴。如近年来出现的IBM公司的人工智能系统Watson，谷歌公司的人工智能围棋机器人“阿尔法狗”等。一些专家和学者预测，弱人工智能将在未来20—30年内实现，机器在完成特定任务方面的能力远超人类。二是强人工智能（Artificial General Intelligence，AGI），属于人类级别的人工智能，能够进行思考、计划、解决问题、抽象思维、理解复杂理念、快速学习和从经验中学习等操作，并且和人类一样得心应手。目前强人工智能的案例只在一些科幻影片中窥见一斑，如《人工智能》中的小男孩大卫，《机械姬》里面的艾娃等。电影里反映的人类对人工智能的过度焦虑其实并不必要，因为强人工智能仍会在人类设置的规则和轨道上发展，最终目的是要把人类从繁重的体力和脑力劳动中解放出来，从而为人的自由全面的发展造福。三是超人工智能（Artificial Super Intelligence，ASI）。牛津哲学家、知名人工智能思想家尼克·波斯特洛姆(Nick Bostrom）把超级智能定义为“在几乎所有领域都比最聪明的人类大脑都聪明很多，包括科学创新、通识和社交技能”。届时，人工智能将打破人脑受到的维度限制。但即使在这个阶段，“人类为人工智能确立规则”这个前提依然不会被推翻，人工智能会成为人类的“超级助手”而不是“超级敌人”。届时，个人的各种能力、企业的竞争力、国家的竞争力，都将高度取决于对人工智能技术和应用的驾驭能力。

二、人工智能的起源和发展

20世纪50年代至60年代，伴随着通用电子计算机的诞生，人工智能开始萌芽。以图灵测试为标志，数学证明系统、知识推理系统、专家系统等各种里程碑式的技术和应用，在学术圈掀起了第一波人工智能浪潮。

1936年5月，英国数学家、逻辑学家、计算机之父艾伦·麦席森·图灵在《伦敦数学会文集》上发表了《论数学计算在决断难题中的应用》一文。在这篇论文中，图灵阐述了一种能够在纯数学符号逻辑和实体世界间建立联系的辅助数学研究机器，就是人们后来所熟知的“图灵机”。1950年，在英国《心》杂志上发表的论文《计算机器与智能》（Computing Machinery and Intelligence）中，图灵分析了“机器能思维吗”这个问题，从而提出了著名的“模仿游戏”（The Imitation Game），即为人熟知的“图灵测试”。图灵测试指的是测试者与被测试者（一个人和一台机器）隔开的情况下，通过一些装置（如键盘）向被测试者随意提问，被测试者回答。进行多次测试后，如果有超过30%的测试者通过被测试者的回答不能确定出被测试者是人还是机器，那么这台机器就通过了测试，并被认为具有人类智能。

《计算机器与智能》一文可以说是机器智能最早的系统化、科学化论述。图灵测试问世后，掀起了人们对于人工智能讨论与研究的热潮。图灵测试的优点在于能够以一种较为精准的方式来对机器的“智能”和“思维”进行定义，解答了一直未能解答的关于人工智能哲学的中心问题。斯图尔特·罗素和彼得·诺维格在《人工智能：一种现代方法》一书中指出，想通过图灵测试，计算机尚需具有以下能力：自然语言处理、知识表示、自动推理、机器学习。要通过完全图灵测试，计算机还需要有计算机视觉和机器人技术。这六个领域构成了人工智能的大部分需要研究和解决的内容。

图灵测试是否能够作为判定计算机具有人工智能的标准？是否有计算机可以通过图灵测试？当时，这些问题在离散状态机、通用数字计算机、神学、数学、知觉、神经科学等研究领域被广泛讨论。“人工智能”这一名词也在这个时期被提出。

1956 年的达特茅斯会议，被普遍认为是人工智能的开端。作为主要发起人之一的美国计算机科学家约翰·麦卡锡为第二次会议取名“人工智能夏季研讨会”（Summer Research Project on Artificial Intelligence），主要讨论用机器来模仿人类学习以及其他方面的智能。虽然“人工智能”一词的最初起源已难以辨明，这次讨论会上所提到的“人工智能”也存在诸多疑义，但仍然不影响达特茅斯会议对于确立人工智能这一新研究领域的推动。与会的诸位主要人物在后续的 20 年间成了人工智能学科的领军人物，并且 AI 一词也得到了广泛的认可。因此，1956 年被认为是人工智能元年。不过，在这个计算机科学发展的初始阶段，图灵展示的这一愿景高于计算机算法和硬件能够达到的水平，技术和理论的研究都很难在短期内有所突破，因而关于人工智能的第一次热潮在 20 世纪 60 年代末便逐渐消退。

20 世纪 80 年代至 90 年代，人工智能发展迎来第二次热潮。20 世纪 80 年代，随着非特定人连续语音识别技术悄然兴起并进展迅速，人工神经网络也在模式识别等应用领域开始有所建树，人工智能研究者和产品开发者迎来了一个黄金时代。语音识别是一门综合计算机科学、语言学和电子工程学的交叉学科，是人工智能在应用领域较早取得重大发展的一项技术。长久以来，如何进行人机语音交互是研究的重要方向。特别是 1981 年日本提出“第五代电子计算机”的概念，强调人机之间需要通过自然语言进行交互，并投入 8.5 亿美元进行研发之后，各国都开始注重此方面的研究。20 世纪 80 年代至 90 年代，语音识别技术的突破性进展使得人工智能迎来了第二次发展期。

20 世纪 90 年代以来，人工智能话题性日渐增强，引发了更大范围的关注。1993 年美国数学家、小说家弗诺·文奇（Vernor Vinge）在美国国家航空航天局的会议上总结了“技术奇点”的概念，认为技术的发展和智能会在未来某时超过人类的理解能力，使其可能无法被预警。1997 年 5 月，IBM 的“深蓝”超级计算机战胜国际象棋冠军，这是人工智能发展史上对战人类的首次胜利，在世界范围内引起轰动。

三、第三次人工智能浪潮

近年来，计算成本快速下降，计算机运算速度大幅增长，深度学习算法的持续发展，移动互联网高速发展带来的海量数据，共同推动人工智能技术在多个领域取得突破，人工智能开启了新一轮发展热潮，也就是人们常说的第三次发展浪潮。

人工智能的第三次浪潮较前两次浪潮具有本质区别。如今，以大数据和强大算力为支撑的机器学习算法已在计算机视觉、语音识别、自然语言处理等诸多领域取得突破性进展，基于人工智能技术应用业已开始成熟。不仅如此，这一轮人工智能发展的影响范围不再局限于学术界，人工智能技术开始广泛嫁接生活场景，从实验室走入日常，政府、企业、非营利机构都开始纷纷拥抱人工智能。具体来说，这一轮人工智能的发展主要得益于三大驱动因素。

（一）深度学习算法的突破和发展

2006 年，加拿大神经网络专家杰弗里·辛顿（Geoffrey Hinton）提出了“深度学习”的概念，他与其团队发表论文《一种深度置信网络的快速学习算法》（A fast Learning Algorithm for Deep Belief Nets），引发了广泛的专注，吸引了更多学术机构对此展开研究，也宣告了深度学习时代的到来。2012 年，辛顿课题组在 ImageNet 图像识别比赛中夺冠，证实了深度学习方法的有效性。

深度学习的优势在于，随着数据量的增加，深度学习算法的效果会比传统人工智能算法有显著提升。（见图 1–1）当然，深度学习也存在一定的局限性，它对于数据量的要求较高，仅在数据量足够大的条件下，才能训练出效果更好的深度学习模型。对于一些样本数量少的研究对象，深度学习的算法并不能起到什么特殊作用。

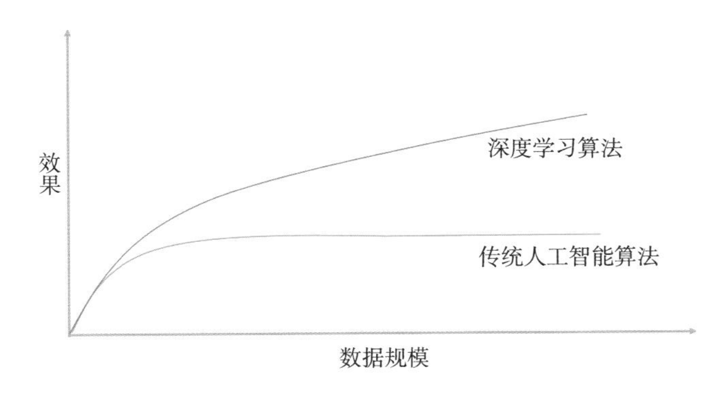

图 1–1　数据规模增加可显著提升深度学习算法效果

我国在基础算法的研发领域相对落后，但在图像识别、语音识别等算法应用领域已具备了较强的研究积累，处于国际领先地位，近年来强化学习、迁移学习等机器学习算法也发展迅速。2017 年，强化学习被《麻省理工科技评论》（*MIT Technology Review*）评为 2017 全球十大突破性技术，包括百度、科大讯飞、阿里巴巴、中国科学院在内的我国企业和高校是该领域的主要研究者。迁移学习是运用已有的知识，对不同但相关领域的问题进行求解的一种机器学习方法，目前香港科技大学、百度、腾讯等已将其作为重要研究方向。

（二）计算能力的极大增强

运算能力的提高与计算成本的下降加速了人工智能发展进程。计算机行业有一条非常著名的摩尔定律，它是由英特尔（Intel）创始人之一戈登·摩尔（Gordon Moore）提出来的，其内容为：当价格不变时，集成电路上可容纳的元器件的数目，约每隔18—24个月便会增加一倍，性能也将提升一倍。换言之，每一美元所能买到的电脑性能，将每隔18—24个月翻一倍以上。这让整个的计算能力一直在指数式拓展。现在，我们普通人使用的手机的计算能力，就超越了美国登月计划时NASA（美国国家航空航天局）所拥有的全部计算能力的总和。

进入新的时期，云计算、图形处理器（GPU）的出现为人工智能发展提供了更多可能。作为大数据挖掘和深度学习算法的实际处理平台，云计算平台提供计算能力，并解决在数据存储、管理、编程模式和虚拟化等方面存在的问题。GPU的崛起则是促使传统计算模式向更类似人脑的并行计算模式发展的重要元素之一。2009年吴恩达及斯坦福大学的研究小组发现GPU在并行计算方面的能力，使得神经网络可以容纳上亿个节点间的连接。传统的处理器往往需要数周才可能计算出拥有一亿节点的神经网的所有级联可能性，而一个GPU集群仅需要一天就可以完成。

云计算平台、GPU的大规模使用使得并行处理海量数据的能力变得前所未有地强大，极大提升了人工智能的运算速度，大大缩短了训练深度神经网络模型对某一事物的认知时间，也进一步加速了人工智能的发展。以百度2016年发布的百度大脑为例，依托强大的底层技术、开源的算法模型和 GPU 大规模并行计算，百度大脑现已建成超大规模的神经网络，拥有万亿级的参数、千亿样本和千亿特征训练，目前已能提供语音技术、图像技术、自然语言、用户画像、机器学习和 AR 增强现实等超过 100 种服务。

芯片的革新也在持续提升大规模计算的能力。以深度学习原理为基础的人工神经网络芯片是国内外公司重点发展的方向，英特尔、IBM、英伟达等企业纷纷涉足该领域。我国的寒武纪科技公司推出的深度学习芯片已经具有国际领先水平，在现有工艺水平下，单核处理器平均性能超过主流 CPU 的 100 倍，而面积和功耗仅为主流 CPU 的 1/10。2011 年起，为了深度学习运算的需要，百度开始基于现场可编程逻辑门阵列（FPGA）研发 AI 加速器芯片，并于同期开始使用 GPU。最近几年，百度对 FPGA 和 GPU 都进行了大规模部署。由于市场上现有的解决方案和技术不能满足百度对 AI 算力的要求，百度科学家和工程师开始自主研发“昆仑”芯片，其计算能力比原来用 FPGA 做的芯片提升了 30 倍左右。

（三）数据量的爆炸式增长

大数据训练可以有效提高深度学习算法的效果，获取足够多的数据，机器学习就会学得越准确越快速，训练出的模型效果会更好。而经过不断学习后的人工智能模型又可以挖掘和洞察数据中更多的信息，帮助数据增值。以物联网、移动互联网为代表的技术带来了数据量的爆发性增长，给人工智能发展提供了不可或缺的基础。

国际数据公司（IDC）2014 年发布的 EMC 数字宇宙（Digital Universe）研究报告显示，每年产生的数据量是按指数增长的，全球数据量大约每两年翻一番，而且这个速度在 2020 年之前还会继续保持下去。预计到 2020 年，全球数据总量将达到 44ZB，其中，中国数据量将达到 7.87ZB，约占全球的 18%，增长迅速。（见图 1–2）

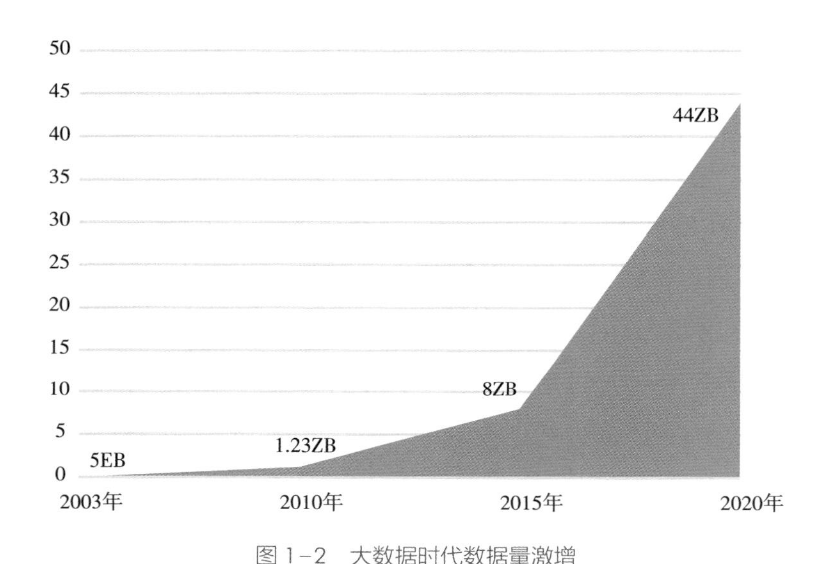

图 1–2　大数据时代数据量激增

资料来源：国际数据公司《2014 年 EMC 数字宇宙研究报告》。

与美国等人工智能技术发展较快的国家相比，我国在数据资源方面也有特定的优势。根据中国互联网络信息中心（CNNIC）发布的《中国互联网络发展状况统计报告》显示，截至 2017 年 12 月，我国网民规模达 7.72 亿，普及率达到 55.8%，超过全球平均水平（51.7%）4.1 个百分点，超过亚洲平均水平（46.7%）9.1 个百分点。我国拥有全球数量最多的互联网用户、最活跃的数据生产主体，并在数据总量上具有比较优势；数据标注的成本较低，则在一定程度上降低了大量初创企业的运营成本，有利于我国人工智能加速发展。

四、人工智能的核心技术体系

习近平总书记多次强调，只有把核心技术掌握在自己手中，才能真正掌握竞争和发展的主动权。发展人工智能，最重要的是抢占科技竞争和未来发展制高点，突破关键核心技术，在重要科技领域成为领跑者。深入剖析当前人工智能的发展，我们看到其核心技术可以分为基础技术、通用技术、应用技术三个层面（见图 1–3），各个层级间协作互通，底层的平台资源和中间层基础技术研发的进步共同决定了上层应用技术的发展速度。

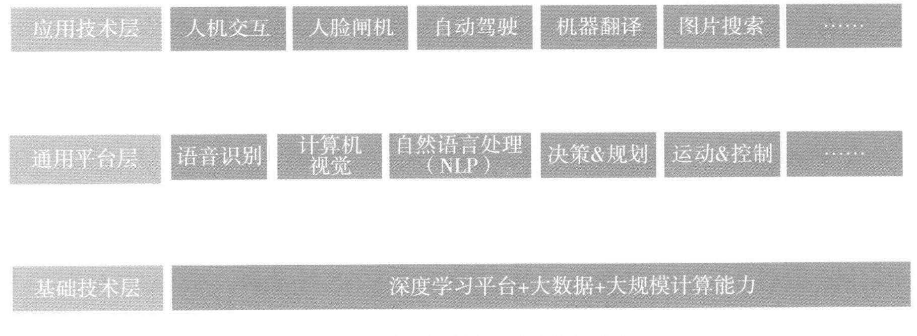

图 1–3　人工智能的三层核心技术

（一）人工智能的基础技术

机器学习（Machine Learning）是人工智能最重要的基础技术，是一门专门研究计算机怎样模拟或实现人类的学习行为，以获取新的知识或技能，重新组织已有的知识结构使之不断改善自身性能的科学。一个不具有学习能力的系统很难被认为真正具备“智能”，因此机器学习在人工智能研究中扮演着最为核心的地位。在过去的几十年中，机器学习虽已在垃圾邮件过滤系统、网页搜索排序等领域有了广泛的应用，但在面对一些复杂的学习目标时仍未能取得重大突破，如图片、语音识别等。究其原因，是由于模型的复杂性不够，无法从海量数据中准确捕捉微弱的数据规律，也就达不到好的学习效果。在此背景下，深度学习的兴起为人工智能基础技术的持续发展注入了新的动力。

深度学习是机器学习最重要的分支之一，大大优化了机器学习的速度，使人工智能技术取得了突破性进展。深度学习最核心的理念是通过增加神经网络的层数来提升效率，将复杂的输入数据逐层抽象和简化，相当于将复杂的问题分段解决，这与人脑神经系统的某些信息处理机制非常相近。目前，深度学习已在图像识别、语音识别、机器翻译等领域取得了长足进步，并进行了广泛应用。例如，图像识别可以凭借一张少年时期的照片就在一堆成人照片中准确找到这个人，机器翻译可以帮助人们轻松看懂外文资料等。

人工智能的基础技术具有较高的门槛，这在一定程度上决定了只有少数的大企业和高校才能深入参与，但通过开放平台的方式，则可以将深度学习技术赋能各行各业。从目前的发展状况来看，深度学习平台开源化是趋势，更高效的开源平台将孕育更庞大的场景应用生态，也将带来更大的市场价值。各行各业可依托深度学习开放平台，来实现自身的产业升级与优化。未来人工智能的竞争将是基于生态的竞争，主要发展模式将是若干主流平台加上广泛的应用场景。而开源平台则是该生态构建的核心，也是人工智能最大化发挥创新价值的基础。在我国，百度飞桨（PaddlePaddle）是深度学习开源平台的典型代表。2016 年 9 月，百度开源了深度学习飞桨平台，开源平台兼备易用性、高效性、灵活性和可扩展性等特点，可供广大开发者下载使用。百度现有 100 多个主要产品的应用采用了该平台，成为继 Google（谷歌）、Facebook（脸书）、IBM（国际商业机器公司）之后全球第四个将人工智能技术开源的科技巨头，也是国内首个开源深度学习平台的科技公司。此外，阿里、科大讯飞、旷视科技等企业在开源平台领域也有布局。

（二）人工智能的通用技术

在基础设施和算法的支撑下形成的人工智能通用技术层，主要包括赋予计算机感知能力的计算机视觉技术和语音技术，提供理解和思考能力的自然语言处理技术，提供决策和交互能力的规划与决策、运动与控制等；每个技术方向下有多个具体的子技术，如图像识别、图像理解、视频识别、语音识别、语义理解、语音合成、机器翻译、情感分析等。其中语音识别、计算机视觉和自然语音处理是发展较为成熟、应用领域较广的基础技术，决策与规划、运动与控制等则是自动驾驶技术的重要组成部分。

1. 语音识别

传统的语音识别技术虽然起步较早，但识别的效果有限，离实用化的差距始终较大。直到近年来深度学习兴起，语音识别技术才在短时间内取得突破性进展。2011 年微软率先取得突破，在使用深度神经网络模型之后，将语音识别错误率降低至 30%。2013 年，谷歌公司语音识别系统错误率约为 24%，融入深度学习技术之后，2015 年错误率迅速降低至 8%。

在随后的几年中，我国在语音识别领域也取得了较快的发展，已经达到世界领先水平。科大讯飞的语音技术集中在语音合成、语音识别、口语评测等方面，讯飞输入法的语音识别准确率可达97%。百度语音识别的算法模型迭代迅速。（见图 1–4）2015 年 12 月，百度发布了 Deep Speech 2 深度语音识别技术，用于提高在嘈杂环境下语音识别的准确率，其错误率低于谷歌、微软以及苹果的语音系统。《麻省理工科技评论》（*MIT Technology Review*）将它评为“2016 年十大突破技术”之一，认为百度在该领域取得了令人印象深刻的进展，这项技术将在几年内极大改变人们的生活。目前，百度语音识别在搜索、地图、阅读等产品中得到广泛应用，仅百度输入法一项，语音的日请求量就达到了 5.5 亿。

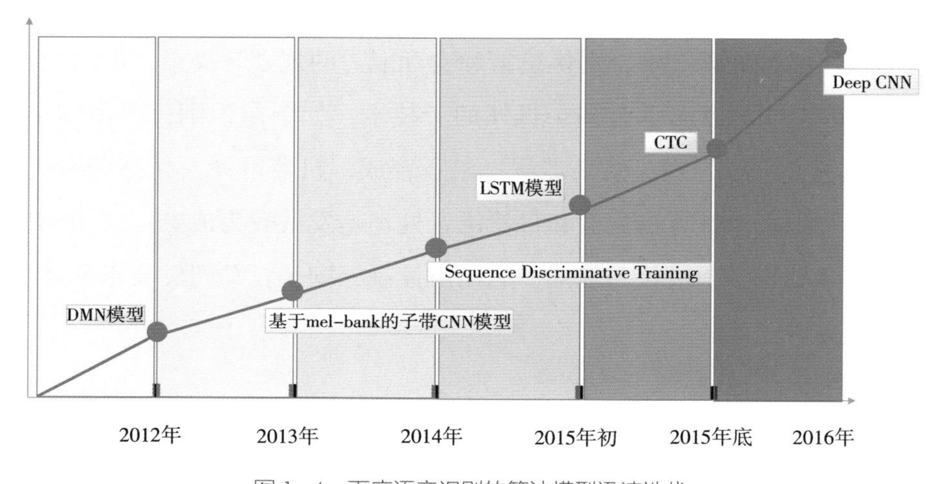

图 1–4　百度语音识别的算法模型迅速迭代

2. 计算机视觉

计算机视觉是指用摄影机和计算机代替人眼对目标进行识别、跟踪和测量等，并进一步做图像处理，用计算机处理成为更适合人眼观察或传送给仪器检测的图像。传统的计算机视觉识别需要依赖人们对经验归纳提取，进而设定机器识别物体的逻辑，有很大局限性，识别率较低。深度学习的引入让识别逻辑变为自学习状态，精准度大大提高。

计算机视觉包括人脸识别、细粒度图像识别、OCR 文字识别、图像检索、医学图像分析、视频分析等多个方向。在典型的图像识别应用——人脸识别方面，目前准确率已经做到了比肉眼更精准。我国的人脸识别技术水平位居世界前列，近几年来在权威人脸识别技术比赛 FDDB（Face Detection Data Set and Benchmark）和 LFW（Labeled Faces in the Wild）的测试中，百度、腾讯、商汤科技、旷视科技等我国企业均取得了非常好的成绩。2015 年，百度研发的 Deep Image 图像识别系统，在 LFW 测试中取得了 99.77% 准确度的优异成绩，而在该项测试中人类的成绩仅能达到 99.2%。2016 年，在全球最权威的计算机视觉大赛 ImageNetILSVRC（大规模图像识别竞赛）上，南京信息工程大学、香港中文大学、海康威视、商汤科技、公安部第三研究所等高校、企业和研究机构共获得了 5 个项目的第一。

3. 自然语言处理

用自然语言与计算机进行通信，目的是解决计算机与人类语言之间的交互问题，这是人们长期以来所追求的目标。如果说语音识别技术让计算机能“听得见”，那么自然语言处理则是让计算机能“听得懂”，人们可以用自己最习惯的语言来和设备交流，而无须再花大量的时间和精力去学习和习惯各种设备的使用方法。比如，当你用语音询问手机百度“今天哪个号限行”，机器会反馈结果；若你想继续询问明天的限行车号，只要说“那明天呢”，机器就可以根据上下文背景给出正确答案。

目前，自然语言处理的研究领域已经从文字处理拓展到语音识别与合成、句法分析、机器翻译、自动文摘、问答系统、信息检索、OCR 识别等多个方面，并发展出统计模型、机器学习等多种算法。深度学习技术在自然语言处理领域的应用，则进一步提升了计算机对语言理解的准确率。借助深度学习技术，计算机通过对海量语料的学习，能够依据人们的表达习惯，更准确地把握一个词语、短语甚至一句话在不同语境中的表达含义。汉语诗歌生成是自然语言处理中一项具有挑战性的任务，对此百度提出了一套基于主题规划的诗歌生成框架，有效地提升了主题相关性，大幅度提高了自动生成的诗歌质量。2016 年，百度在手机百度和度秘上推出了“为你写诗”功能，可以让用户任意输入题目生成古诗。图 1–5 中就是机器以“春天的桃花开了”为主题撰写的古诗。

图 1–5 基于规划的诗歌生成功能架构图

（三）人工智能的应用技术

人工智能应用正在加速落地，深刻地改变世界和人类生产、生活方式。小到手机语音助手、行为算法、搜索算法，大到自动化汽车飞机驾驶，人工智能应用技术与各个垂直领域结合，不断拓展“AI+”应用场景的边界，探索智慧未来的无限可能。人工智能应用技术丰富多彩，其中在人机交互、自动驾驶、机器翻译等领域最早得到应用和普及。

1. 人机交互

从科技的发展来看，每一次人机交互的更迭都推动了时代的变革。PC（个人电脑）时代，人们使用鼠标、键盘与计算机进行交互，微软的 Windows 桌面操作系统以近 90% 的市场占有率牢固地确立了市场霸主地位。移动互联网时代，触摸成为人们与平板电脑、手机进行交互的主要方式，谷歌的 Android 系统和苹果的 IOS 系统成为这个领域最大的赢家。到了人工智能时代，语言正在成为最自然的交互方式。随着深度学习技术的发展，对语音的准确识别以及对语义的准确理解的提高，让机器理解并执行人类语言指令成为可能，对话式人工智能系统应运而生，成为未来的发展方向。智能助理是人机交互最为广泛的应用，百度度秘、阿里小蜜、腾讯叮当、京东 JIMI 等都是这一领域的典型代表。在国内外，大企业纷纷布局对话式人工智能系统，如亚马逊的 Alexa、

2017 年法国研究的用意念控制电脑“大脑计算机接口”的头套装置

谷歌的 Google Assistant、百度的 DuerOS 等，并在众多产品中得到广泛应用。DuerOS 可以用自然语言作为交互方式，同时借助云端大脑，可不断学习进化，变得更聪明。它可以应用于手机、电视、音箱、汽车等多种设备，让人们通过最自然的语音方式与设备进行交互，使设备具备与人类沟通和提供服务的能力。

由于我国互联网应用所覆盖的场景、提供的服务更加多样化，与语音交互技术的结合点也会更多，伴随着技术发展将会有广阔的应用空间。现阶段，在人与设备间语音交互方面，语音识别问题已经基本得到解决。自然语言理解和多轮交互属于更深层次的认知层面，涉及记忆机制、思考机制、决策机制等领域的研究探索，目前技术虽然已有突破，但是还需要持续进步。在此背景下，语言交互实现全场景覆盖难度很大，选择合适的应用场景成为应用落地需要重点考虑的方向。

2. 自动驾驶

自动驾驶涉及计算机视觉、决策与规划、运动与控制等多项人工智能基础技术。在自动驾驶的环境感知、路径规划与决策、高精度定位和地图等关键环节这些技术均有所应用和体现，其中对环境的智能感知技术是前提，智能决策和控制技术是核心，高精度地图和传感器是重要支撑。

国内自动驾驶领域，互联网企业成为重要的驱动力量。百度自 2013 年开启无人驾驶汽车的项目，目前已拥有环境感知、行为预测、规划控制、操作系统、智能互联、车载硬件、人机交互、高精定位、高精地图和系统安全等十项技术。2016 年 9 月，百度获得了美国加州无人车道路测试牌照。11 月，百度无人车在浙江乌镇开展全球首次开放城市道路运营和体验。腾讯也于 2016 年下半年成立自动驾驶实验室，聚焦自动驾驶核心技术研发。在这一领域，还兴起了大量的创业公司，包括驭势科技、智行者、图森未来、禾多科技、主线科技、新石器等。

3. 机器翻译

随着人工智能技术的提升和多语言信息数据的爆发式增长，机器翻译技术开始为普通用户提供实时便捷的翻译服务，而深度学习则让机器翻译的精确性和支持的语种数量都得到大幅提高。机器翻译可以为人们的生活带来各种便利，使语言难题不再困扰我们的学习和生活。小到出国旅游、文献翻译，大到跨语言文化交流、国际贸易，多语言的信息连通大趋势更加凸显出机器翻译的重要价值。

2016 年，百度机器翻译项目获国家科学技术进步二等奖。目前百度翻译已支持 28 种语言，756 个翻译方向，用户数超 5 亿，每天都响应上亿次翻译请求。科大讯飞也是机器翻译领域的代表企业，面向国家“一带一路”倡议，科大讯飞正式推出多语种翻译产品，在将语音实时转为文字的同时，还能同步翻译成英语、日语、韩语、维语等，实现轻松跨语言交流。

五、迎接“新智能时代”

人工智能通过创造虚拟劳动力、提高现有劳动力的技术水平和物质资本使用效率、促进经济创新并推动多领域产业升级等途径创造经济红利。2017 年夏季达沃斯论坛上，普华永道发布报告提出，至 2030 年人工智能将带动全球 GDP 增长 14%，除提升劳动生产力外，人工智能所激发的消费需求增长也将成为主要贡献。不仅如此，人工智能还将催生更多的就业需求。世界经济论坛发布的《2018未来就业》报告显示，未来5年，尽管7500万份工作将被机器取代，但1.33亿份新工作将同步产生，这意味着多达5800万的新岗位净增。

人工智能作为新的生产要素，必将成为引领性的战略性技术和新一轮产业革命的驱动力，更是国家间下一个战略竞争焦点。目前，全球主要经济体均把加快发展人工智能上升至国家战略高度布局深耕，以抢占新一轮科技革命和产业变革的制高点。法国发布人工智能发展战略，计划在2022年前投入15亿欧元，将法国打造成人工智能研发世界一流强国；美国在2019财年预算申请中首次将人工智能列为政府研发重点，召开“美国产业人工智能峰会”，希望确保美国的“全球技术绝对优势”；英国宣布将在人工智能方面投入约10亿英镑，争当这一领域的世界领头羊；德国出台《人工智能战略》，计划在2025年前投资30亿欧元推动德国人工智能发展，让“德国制造”成为人工智能领域的一个品牌；我国也把新一代人工智能列为重要前沿，提出到2030年人工智能理论、技术与应用总体达到世界领先水平，成为世界主要人工智能创新中心。

如今，人工智能尚处于发展的早期，大多数人工智能系统建立在单一类型的工作上（如处理图片或声音数据），只能解决一个特定问题，且大部分系统都只针对单个数据集进行优化。展望未来，人们对人工智能的期望和定位绝非仅仅完成狭窄、特定领域的某个简单具体的小任务，而是期望机器真正实现像人一样同时解决不同领域、不同类型的问题，并且能够进行判断和决策，从弱人工智能升级为强人工智能。该阶段的智能机器不仅有知觉和自我意识，还可以真正开展推理、解决问题，也就是说，机器首先能够通过感知学习、认知学习去理解世界，进而通过强化学习达到模拟世界、持续优化知识的效果。从类别上看，强人工智能可分为两类：一是类人的人工智能，即机器具备用类人的思维进行思考和推理的能力；二是非类人的人工智能，即机器产生了和人完全不一样的知觉和意识，使用和人完全不一样的推理方式。

目前，许多来自大型科技公司、互联网公司甚至是小公司的研究团队都在为构建更强大的人工智能而努力。比如，谷歌 DeepMind 探索通过迁移学习来增强人工智能，如玩一种游戏来训练 AI 玩另一种游戏。创业公司 GoodAI 创办通用人工智能挑战赛（General AI Challenge），微软和英伟达等公司进行赞助，提供 500 万美元奖金。微软研究院重组为 MSR AI，专注于“智能的基本原理”和“更通用、灵活的人工智能”。特斯拉 CEO 埃隆·马斯克与诸多硅谷大亨联合建立人工智能非盈利组织 OpenAI，以“建立安全的 AGI，并尽可能让 AGI 带来的益处在全球传播”为使命。

要实现从弱人工智能向强人工智能的跨越，从目前来看，还亟须在以下三个重要方面实现突破：一是从大数据到小数据。深度学习的训练需要借助大量经过人工标注的数据，但对于大规模数据的标注工作十分费时费力，一些特殊场景甚至难以收集基础数据，因此需要研究如何在数据缺失的情况下进行训练和学习，或自动生成训练数据。二是从大模型到小模型。目前深度学习的模型普遍比较大，从几百兆（MB）到几千兆（GB）不等，限制了模型在移动设备上的运行。未来的研究方向是精简模型，使其在移动设备上的运行效果能够与在计算机上相媲美。三是从感知认知到理解决策。目前机器处理的任务多为静态，即给定输入情况下输出结果是固定的，但面对复杂的动态任务，借助不完全信息进行决策需要通过与环境的持续交互进行策略优化。

总之，在移动互联网、大数据、超级计算、传感网、脑科学等新理论新技术的驱动下，问世 60 余年、屡遭质疑的人工智能终于迎来了大发展、大跨越的热浪。近年来，人工智能技术快速发展，呈现出深度学习、跨界融合、人机协同、群智开放、自主操控等新特征；AI+应用五彩纷呈、加速落地，对经济发展、社会进步、国际政治经济格局等方面产生重大而深远的影响。伴随各国新政密集出台、科技巨头纷纷布局、最新进展日新月异，一个“新智能时代”正在到来。

第二章

中国人工智能的国家战略

人工智能成为国际竞争新焦点

我国人工智能的基础与进展

新一代人工智能发展规划

我国人工智能相关重要部署

2018 年 10 月 31 日，中共中央政治局就人工智能发展现状和趋势举行第九次集体学习。中共中央总书记习近平在主持学习时强调，人工智能是新一轮科技革命和产业变革的重要驱动力量，加快发展新一代人工智能是事关我国能否抓住新一轮科技革命和产业变革机遇的战略问题。要深刻认识加快发展新一代人工智能的重大意义，加强领导，做好规划，明确任务，夯实基础，促进其同经济社会发展深度融合，推动我国新一代人工智能健康发展。

人工智能的迅速发展正在改变世界格局，已成为全球地缘战略、地缘政治、地缘经济博弈的焦点，以美国、中国、英国等为代表的世界主要国家已经把发展人工智能提升到国家战略的高度。近几年，随着我国政府对人工智能产业的高度重视和前瞻性政策部署，中国已成为全球人工智能产业发展最快的国家之一。语音识别、图像识别的部分技术领域世界领先。人工智能技术和应用领域的创新创业日益活跃，一些企业在国际上获得广泛关注和认可。

同时，我们也要清醒地看到，中国人工智能整体发展水平与美国等发达国家相比仍存在差距。为了更好地把握人工智能产业化的方向，我国确立了几个大型的国家人工智能开放创新平台，包括：依托百度公司建设自动驾驶国家新一代人工智能开放创新平台；依托阿里云公司建设城市大脑国家新一代人工智能开放创新平台；依托腾讯公司建设医疗影像国家新一代人工智能开放创新平台；依托科大讯飞公司建设智能语音国家新一代人工智能开放创新平台；依托商汤科技建设智能视觉国家新一代人工智能开放创新平台。人工智能作为新兴产业，需要建立新的生态圈，原有的“玩家”要在新的生态圈内重新找到自己的位置，在这一过程中上述创新平台的领军企业将发挥重要作用。

一、人工智能成为国际竞争新焦点

人工智能的迅速发展正在改变着人类的经济社会生活。经过 60 多年的演进，人工智能发展进入新阶段。在移动互联网、大数据、超级计算、物联网等新技术的共同驱动下，人工智能推动着经济社会各领域从数字化、网络化向智能化加速跃升。未来人工智能的发展甚至可能改变世界格局。国务院发布的《新一代人工智能发展规划》明确指出，人工智能成为国际竞争的新焦点。人工智能是引领未来的战略性技术，世界主要发达国家都把发展人工智能作为提升国家竞争力、维护国家安全的重大战略，中国也不例外。

（一）我国在人工智能发展领域的优势

在全球人工智能发展浪潮中，我国人工智能技术、产业和市场近些年的发展取得了令人瞩目的成绩，并表现出与发达国家同步的趋势。与其他新兴行业比较，我国人工智能的发展有两个突出的竞争优势。

一是实现了全方位的突破与发展。虽然我国很多产业实现了突破，但竞争优势仅仅表现在某一领域或产业链的某一环节，而人工智能的发展却是在各个方面实现了与发达国家的同步甚至赶超。从技术研发上看，在“深度学习”“深度神经网络”等领域，中国在全球知名期刊上发表论文的数量已经超过美国；中国人工智能专利申请数量仅次于美国，位居全球第二；百度在2015年开发的深度学习语音识别率达到97%的准确率，这被誉为我国人工智能技术研发达到世界一流水平的重要里程碑。从投资看，国内人工智能领域投资自2010年开始进入爆发期，最近两三年投资进一步加快，中国已经是仅次于美国的全球第二大人工智能融资国，投资机构的数量也在全球位列第三。

二是在应用上有显著优势。客观上讲，国外企业在人工智能核心技术研发上具有短期内难以超越的优势和资源。例如脸书公司的大数据信息挖掘、苹果公司的语音识别、Uniqul的人脸识别技术全球领先，国外人工智能的商业化运营总体上看是依靠技术进步推动的。相比较，虽然我国在核心技术方面并没有表现出显著的竞争优势，但在实现人工智能应用的场景优化及其相应的商业布局方面走在世界前列。例如，百度将语音技术、图片识别技术与O2O（Online and Offline，线上线下）服务场景相融合，用户只需要输入一段语音就能够预订电影票、酒店和景区门票；阿里巴巴、京东等电商平台通过大数据挖掘为用户推送具有潜在购买欲望的产品；腾讯以微信、QQ为平台向客户精准投放新闻和广告；等等。我国是全球人口最多、移动通讯用户最多、手机应用下载和在线用户最多、制造业规模最大的国家，这些共同支撑中国必然成为全球最大的人工智能应用市场，我国近年来人工智能高速发展也是以率先实现商业运用为引领的。在多家中国科技巨头的推动下，中国已成为全球人工智能发展的中心之一。众多的人口和完整的产业结构给中国提供了创造海量数据和广阔市场的潜力。

中国在人工智能领域的发展得到了世界的认可。麦肯锡的《中国人

2018 世界人工智能大会在上海举行

工智能的未来之路》报告也显示，中国已成为全球人工智能的发展中心之一。学术方面，仅在 2015 年，中美两国在学术期刊上发表的相关论文合计近 1 万篇，而英国、印度、德国和日本发表的学术研究文章总和只相当于中美两国的一半。中国的人工智能发展多由科技企业推动引领，如自动化私人助理、自动驾驶汽车等。得益于大量的搜索数据和丰富的产品线，一些互联网企业走在了自然语言处理、图像和语音识别等技术的前沿。

（二）我国人工智能发展仍存不足

尽管我国的人工智能发展已经取得了一定的成绩，跻身世界前列，但同时也应当看到，我国在人工智能领域主要存在以下三个方面的竞争劣势。

一是数据环境有待开放。在麦肯锡的评分中，中国政府数据开放度在全球仅排在第93名。麦肯锡表示，尽管中国的科技巨头能够通过其专有平台获得海量数据，但在创建一个标准统一、跨平台分享的数据友好型生态系统方面，中国仍落后于美国。

二是高端芯片、基础材料、元器件、软件与接口等方面的技术对外依赖性较高。高运算速度的计算技术是发展尖端人工智能技术的重中之重，人工智能的专用芯片，如可以处理大量复杂计算的GPU（图形处理器），对人工智能的发展格外重要。而长期以来，中国的芯片严重依赖进口，部分类型的高端半导体则几乎完全依靠进口。比如2015年，美国政府禁止英特尔、英伟达和AMD这三家全球最大的芯片供应商向中国机构出售高端超级电脑芯片，造成了中国供应链体系短期断裂。

三是国内人工智能尖端人才远不能满足需求。就应用层面而言，中国的算法发展程度与其他国家并无太大差距，但中国的研究人员在基础算法研发领域仍远远落后于英美同行，一个主要原因就是人才短缺。即使在一线城市，人工智能领域的人才也很稀缺，这种不平衡一定程度上制约了人工智能的整体发展步伐。美国半数以上的数据科学家拥有10年以上的工作经验，而在中国，超过40%的数据科学家工作经验尚不足5年。我国人工智能领域的人才非常稀缺，人才培养将是我国推动人工智能发展的一个长期任务。

麦肯锡的《中国人工智能的未来之路》报告指出，虽然中国在人工智能领域的论文数量方面超过了美国，但中国学者的研究影响力尚不及美国或英国同行。在人工智能生态系统方面，美国也更为完善和活跃，创业公司数量远超中国，由研究机构、大学及私营企业共同组成的生态系统庞大、创新且多元，硅谷在科技领域日积月累的强劲实力形成了强大的优势。我国《新一代人工智能发展规划》也指出，我国人工智能整体发展水平与发达国家相比仍存在差距，缺少重大原创成果，在基础理论、核心算法以及关键设备、高端芯片、重大产品与系统、基础材料、元器件、软件与接口等方面差距较大；科研机构和企业尚未形成具有国际影响力的生态圈和产业链，缺乏系统的超前研发布局；人工智能尖端人才远远不能满足需求；适应人工智能发展的基础设施、政策法规、标准体系亟待完善。

二、我国人工智能的基础与进展

人工智能是一种技术，它不会直接生产出产品，而是要与其他产业相结合。不可否认，目前我国人工智能在一些领域与实体经济结合取得了一定成绩，例如自动驾驶、安防、医疗、交通等。但总体来看，仍然存在着发展不充分、分布不均衡的问题。比如，在互联网行业中人工智能发展得较快，因为人工智能很多是依托于原来大数据和云计算技术的储备，因此互联网企业发展人工智能占有天然优势。当前，我国既迎来了加快发展人工智能、建设世界科技强国的重大战略机遇，也面临着巨大挑战。我国的人工智能处于一个加速发展的阶段，国内很多人工智能企业主要是基于修改国际开源框架基础上推出相关产品。技术发展有其自身不可违背的规律，外部因素可以小幅度地加速或迟滞技术的进步，但无法从根本上改变技术发展的节奏，人工智能领域也不例外。

从区域发展角度看，当前人工智能的发展主要集中在一线城市。二三线城市制造业很多，但人工智能发展十分薄弱，缺少相关的产业和人才。

（一）我国人工智能发展的起步

与美国、日本等国相比，中国的人工智能的发展起步相对较晚。国内最早开展人工智能研究的中国科学院数学与系统科学研究院吴文俊研究员，1976 年开始研究通过自动化方法实现初等几何和微分几何的定理证明，提出了利用机器证明与发现几何定理的新方法——几何定理机器证明（国际上称为“吴方法”）。该方法获得 1978 年全国科学大会重大科技成果奖，这也是中国在世界人工智能学术发展史上为数不多的里程碑式的贡献。20 世纪 80 年代初期，钱学森等主张开展人工智能研究，人工智能在国内的发展进一步活跃起来。1981 年 9 月，中国人工智能学会成立。1982 年，中国人工智能学会刊物《人工智能学报》创刊，成为国内首份人工智能学术刊物。1984 年，邓小平在深圳和上海观看儿童与计算机下棋时，指示“计算机普及要从娃娃抓起”。之后，中国人工智能研究迎来发展的机遇期。

1986 年科技部在设立国家高技术研究发展计划（“863”计划）之初，就把智能计算机系统、智能机器人和智能信息处理（含模式识别）等列为重点支持的方向。1997 年起，又把智能信息处理、智能控制等方向列入国家重点基础研究发展计划（“973”计划）。多年来，在“863”计划、“973”计划、科技支撑计划、国家自然科学基金等国家科技计划（专项、基金等）的长期支持下，我国在中文信息处理和智能人机交互方面的研究取得了显著进展，特别是在汉字识别、语音合成、语音识别、语义理解、生物特征识别、机器翻译等方面保持国际先进水平。以百度、阿里巴巴、腾讯为代表的互联网龙头企业和一大批人工智能创业公司，在人工智能领域的技术和应用水平上可与国际最高水平相媲美。“十二五”期间国家科技计划又重点部署了“互联网环境中文语言信息处理与深度计算的基础理论和方法”“脑机协同视听觉信息处理与交互技术”“基于大数据的类人智能关键技术与系统”“智能机器人”等一批项目，目前已取得突破性进展。

（二）人工智能发展上升为国家战略

人工智能作为影响广泛的颠覆性基础技术，将对未来各行业的发展产生深远影响。正因为如此，美国将其列为国家战略，并相继发布了《为人工智能的未来做好准备》和《国家人工智能研究与发展战略规划》等战略文件，欧盟也推出了《欧盟机器人研发计划》《欧盟人工智能》等政策文件，人工智能已然成为国与国之间科技实力与经济未来竞争的制高点。我国《新一代人工智能发展规划》提出分阶段推进目标，描绘了我国新一代人工智能发展的蓝图。

近年来，我国对发展人工智能的战略部署进一步加强，人工智能发展迈上新台阶。

第一，在《国家创新驱动发展战略纲要》和《“十三五”国家科技创新规划》中，注重加强对类人智能、智能制造装备、认知与智能服务、脑机协同、智能机器人、神经芯片等领域的研发支持，推动人工智能应用。在“科技创新 2030 —重大项目”中，对脑科学与类脑研究、大数据、智能制造与机器人等与人工智能紧密相关的项目进行了系统设计和差异定位。

第二，在应用推广方面，国家发展改革委会同相关部门在云计算、物联网、大数据等与人工智能密切相关的领域开展了一系列工作，支持了一批重大应用示范工程建设，引导和推动政府、企业和社会各界在人工智能领域形成合力、协调发展。2011 年以来，国家发展改革委、财政部、工信部联合启动实施了智能制造装备创新发展专项，重点支持人工智能技术在智能成套装备、智能关键零部件、自动化生产线、数字化车间、大型智能装备中的应用。

第三，在产业环境建设方面，国家发展改革委会同相关部委在研究制定《“互联网+”行动计划》过程中，专门将“‘互联网+’人工智能”列为十一个重点行动之一，提出依托互联网平台提供人工智能公共创新服务，加快人工智能核心技术突破，促进人工智能在智能家居、智能终端、智能汽车、机器人等领域的推广应用，培育若干引领全球人工智能发展的骨干企业和创新团队，形成创新活跃、开放合作、协同发展的产业生态。

（三）发挥产业优势，加强融合发展

经过多年的持续积累和创新驱动，我国已经成长起了一大批人工智能领军企业。百度自主研发建立了飞桨深度学习平台，同时还将自动驾驶技术依托 Apollo 平台向业界开放，成为全球最大的自动驾驶产业生态；腾讯“绝艺”轻松战胜多名人类顶级围棋棋手，成为腾讯野狐围棋首个“十段”选手；阿里发布 ET 医疗大脑、ET 工业大脑，将人工智能向产业化应用推进；中国科学院研发出具有自主知识产权的“寒武纪”人工智能芯片；商汤科技的图像识别技术、科大讯飞的语音识别技术和语言翻译技术均达到国际一流水平。沈阳新松机器人以机器人独有技术为核心，产品线涵盖工业机器人、洁净（真空）机器人、移动机器人、特种机器人及智能服务机器人五大系列。其中移动机器人产品综合竞争优势在国际上处于领先水平，被美国通用等众多国际知名企业列为重点采购目标；特种机器人在国防重点领域得到批量应用。在国家创新创业鼓励政策带动下，一大批人工智能双创企业正在涌现，人工智能产业生态快速形成。

虽然在核心技术方面与世界领先国家还有明显的差距，但我国拥有全球最大规模的人工智能应用市场。通过与其产业的融合发展，能够发挥我国在人工智能应用场景优化以及相关商业布局方面的显著优势，在人工智能国际竞争中形成核心竞争力。加强实体经济部门，特别是具有国际竞争力的制造企业在核心技术、关键应用等领域与国内外人工智能公司开展深入合作，利用在传统市场上形成的优势以及对专业领域的理解，将人工智能作为产业转型升级的重要工具。

以建立人工智能与智能制造创新中心为抓手，促进人工智能在制造业领域的应用研究与技术推广。创新中心聚焦于人工智能在制造业应用中共性技术的研发与推广。人工智能与智能制造创新中心可采取“公私合作”的运营模式，并建立由技术专家、政府官员、企业家代表和学者共同治理的机制。

对于拥有 8 亿网民的中国市场，我国在电子商务、流通行业领域积累了海量数据。人工智能在互联网领域的应用空间远超过任何一个国家。加速积累的技术能力与海量的数据资源、巨大的应用需求、开放的市场环境有机结合，形成了我国人工智能发展的独特优势。我国发挥社会主义制度优势，系统谋划、统筹推进，有望在新一代人工智能发展中打造先发优势，引领智能经济和智能社会发展。

三、新一代人工智能发展规划

发布实施新一代人工智能发展规划，是我国科技发展史上的一件大事，也是贯彻落实创新驱动发展战略的具体行动。规划是根据科技发展前沿趋势的判断，立足于我国经济社会发展需求对人工智能发展作出的战略安排，旨在通过系统的部署来推动新一代人工智能的研发和应用。

（一）规划定位

“人工智能”概念提出以后，经过 60 多年的持续演进，特别是在移动互联网、大数据、超级计算、传感网、脑科学等新理论新技术以及经济社会发展强烈需求的共同驱动下，人工智能加速发展，呈现出深度学习、跨界融合、人机协同、群智开放、自主操控等新特征，大数据基础上的人工智能成为当前最突出的特点。一是从人工知识表达到大数据驱动的知识学习技术，传统“以规则教”的学习推理方法转到数据驱动的知识挖掘方法，实现数据驱动和知识引导相结合，推动人工智能从表象和特征深入到综合推理。二是从分类型处理的多媒体数据向包括文本、语音、图像、视频等跨媒体的认知、学习、推理的新水平。三是从追求智能机器到高水平的人机、脑机相互协同和融合。四是从聚焦个体智能到基于互联网和大数据的群体智能，形成在网上激发组织群众智能的技术与平台。五是从拟人化的机器人转向更加广阔的智能自主系统，比如智能工厂、智能无人机系统等。同时，随着科学研究的进展，受脑科学研究成果启发的类脑智能也蓄势待发，芯片化、硬件化、平台化趋势更加明显。这些重大变化使得人工智能发展进入一个全新阶段。

按照党中央、国务院部署，2016 年 7 月以来，在国家科技体制改革和创新体系建设领导小组领导下，科技部、国家发展改革委、中国工程院组织了各相关部门和 200 多位院士专家以及企业代表，共同展开新一代人工智能发展规划研究和编制工作，对人工智能未来发展统一规划、战略布局、系统部署。经党中央国务院批准，《新一代人工智能发展规划》（以下简称《规划》）于 2017 年 7 月 20 日正式发布实施。该规划是我国在人工智能领域的顶层设计，是面向未来打造我国先发优势的指导性文件。

（二）发展目标

《规划》提出分阶段推进目标，描绘了我国新一代人工智能发展的蓝图：到 2020 年人工智能总体技术和应用与世界先进水平同步；到 2025 年人工智能基础理论实现重大突破、部分技术与应用达到世界领先水平；到 2030 年人工智能理论、技术与应用总体达到世界领先水平，成为世界主要人工智能创新中心。

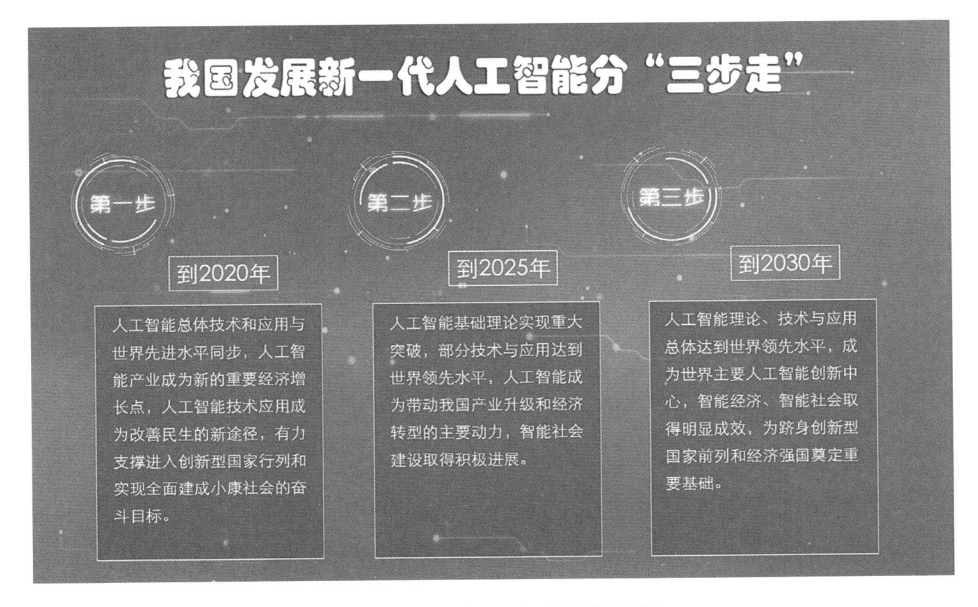

我国新一代人工智能发展蓝图

第一步，到 2020 年人工智能总体技术和应用与世界先进水平同步，人工智能产业成为新的重要经济增长点，人工智能技术应用成为改善民生的新途径，有力支撑进入创新型国家行列和实现全面建成小康社会的奋斗目标。

——新一代人工智能理论和技术取得重要进展。大数据智能、跨媒体智能、群体智能、混合增强智能、自主智能系统等基础理论和核心技术实现重要进展，人工智能模型方法、核心器件、高端设备和基础软件等方面取得标志性成果。

——人工智能产业竞争力进入国际第一方阵。初步建成人工智能技术标准、服务体系和产业生态链，培育若干全球领先的人工智能骨干企业，人工智能核心产业规模超过 1500 亿元，带动相关产业规模超过 1 万亿元。

——人工智能发展环境进一步优化，在重点领域全面展开创新应用，聚集起一批高水平的人才队伍和创新团队，部分领域的人工智能伦理规范和政策法规初步建立。

第二步，到 2025 年人工智能基础理论实现重大突破，部分技术与应用达到世界领先水平，人工智能成为带动我国产业升级和经济转型的主要动力，智能社会建设取得积极进展。

——新一代人工智能理论与技术体系初步建立，具有自主学习能力的人工智能取得突破，在多领域取得引领性研究成果。

——人工智能产业进入全球价值链高端。新一代人工智能在智能制造、智能医疗、智慧城市、智能农业、国防建设等领域得到广泛应用，人工智能核心产业规模超过 4000 亿元，带动相关产业规模超过 5 万亿元。

——初步建立人工智能法律法规、伦理规范和政策体系，形成人工智能安全评估和管控能力。

第三步，到2030年人工智能理论、技术与应用总体达到世界领先水平，成为世界主要人工智能创新中心，智能经济、智能社会取得明显成效，为跻身创新型国家前列和经济强国奠定重要基础。

——形成较为成熟的新一代人工智能理论与技术体系。在类脑智能、自主智能、混合智能和群体智能等领域取得重大突破，在国际人工智能研究领域具有重要影响，占据人工智能科技制高点。

——人工智能产业竞争力达到国际领先水平。人工智能在生产生活、社会治理、国防建设各方面应用的广度深度极大拓展，形成涵盖核心技术、关键系统、支撑平台和智能应用的完备产业链和高端产业群，人工智能核心产业规模超过1万亿元，带动相关产业规模超过10万亿元。

——形成一批全球领先的人工智能科技创新和人才培养基地，建成更加完善的人工智能法律法规、伦理规范和政策体系。

（三）发展原则

《规划》确立了以下基本原则：

一是科技引领。把握世界人工智能发展趋势，突出研发部署前瞻性，在重点前沿领域探索布局、长期支持，力争在理论、方法、工具、系统等方面取得变革性、颠覆性突破，全面增强人工智能原始创新能力，加速构筑先发优势，实现高端引领发展。

二是系统布局。根据基础研究、技术研发、产业发展和行业应用的不同特点，制定有针对性的系统发展策略。充分发挥社会主义制度集中力量办大事的优势，推进项目、基地、人才统筹布局，已部署的重大项目与新任务有机衔接，当前急需与长远发展梯次接续，创新能力建设、体制机制改革和政策环境营造协同发力。

三是市场主导。遵循市场规律，坚持应用导向，突出企业在技术路线选择和行业产品标准制定中的主体作用，加快人工智能科技成果商业化应用，形成竞争优势。把握好政府和市场分工，更好发挥政府在规划引导、政策支持、安全防范、市场监管、环境营造、伦理法规制定等方面的重要作用。

四是开源开放。倡导开源共享理念，促进产学研用各创新主体共创共享。遵循经济建设和国防建设协调发展规律，促进军民科技成果双向转化应用、军民创新资源共建共享，形成全要素、多领域、高效益的军民深度融合发展新格局。积极参与人工智能全球研发和治理，在全球范围内优化配置创新资源。

（四）总体布局

《规划》突出以加快人工智能与经济社会国防深度融合为主线，突出以提升新一代人工智能科技创新能力为主攻方向，突出科技引领、系统布局、市场主导、开源开放的基本原则。《规划》按照“构建一个体系、把握双重属性、坚持三位一体、强化四大支撑”进行总体布局，突出构建开放协同的人工智能科技创新体系，把握人工智能技术属性和社会属性高度融合的特征，坚持人工智能研发攻关、产品应用和产业培育“三位一体”推进，全面支撑科技、经济、社会发展和国家安全。

构建开放协同的人工智能科技创新体系。针对原创性理论基础薄弱、重大产品和系统缺失等重点难点问题，建立新一代人工智能基础理论和关键共性技术体系，布局建设重大科技创新基地，壮大人工智能高端人才队伍，促进创新主体协同互动，形成人工智能持续创新能力。

把握人工智能技术属性和社会属性高度融合的特征。既要加大人工智能研发和应用力度，最大程度发挥人工智能潜力；又要预判人工智能的挑战，协调产业政策、创新政策与社会政策，实现激励发展与合理规制的协调，最大限度防范风险。

坚持人工智能研发攻关、产品应用和产业培育"三位一体"推进。适应人工智能发展特点和趋势，强化创新链和产业链深度融合、技术供给和市场需求互动演进，以技术突破推动领域应用和产业升级，以应用示范推动技术和系统优化。在当前大规模推动技术应用和产业发展的同时，加强面向中长期的研发布局和攻关，实现滚动发展和持续提升，确保理论上走在前面、技术上占领制高点、应用上安全可控。

全面支撑科技、经济、社会发展和国家安全。以人工智能技术突破带动国家创新能力全面提升，引领建设世界科技强国进程；通过壮大智能产业、培育智能经济，为我国未来十几年乃至几十年经济繁荣创造一个新的增长周期；以建设智能社会促进民生福祉改善，落实以人民为中心的发展思想；以人工智能提升国防实力，保障和维护国家安全。

（五）重点任务

《规划》提出，立足国家发展全局，准确把握全球人工智能发展态势，找准突破口和主攻方向，全面增强科技创新基础能力，全面拓展重点领域应用深度广度，全面提升经济社会发展和国防应用智能化水平。具体而言，《规划》确立了六方面的任务。

（1）构建开放协同的人工智能科技创新体系。针对原创性理论基础薄弱、重大产品和系统缺失等重点难点问题，围绕增加人工智能创新的源头供给，从前沿基础理论、关键共性技术、基础平台、人才队伍等方面强化部署。一是建立新一代人工智能基础理论体系。聚焦人工智能重大科学前沿问题，兼顾当前需求与长远发展，以突破人工智能应用基础理论瓶颈为重点，超前布局可能引发人工智能范式变革的基础研究，促进学科交叉融合，为人工智能持续发展与深度应用提供强大科学储备。二是建立新一代人工智能关键共性技术体系。围绕提升我国人工智能国际竞争力的迫切需求，新一代人工智能关键共性技术的研发部署要以算法为核心，以数据和硬件为基础，以提升感知识别、知识计算、认知推理、运动执行、人机交互能力为重点，形成开放兼容、稳定成熟的技术体系。三是统筹布局人工智能创新平台。建设人工智能开源软硬件基础平台、群体智能服务平台、自主无人系统支撑平台、人工智能基础数据与安全检测平台，促进各类通用软件和技术平台的开源开放。各类平台要按照军民深度融合的要求和相关规定，推进军民共享共用。四是加快培养聚集人工智能高端人才。把高端人才队伍建设作为人工智能发展的重中之重，坚持培养和引进相结合，完善人工智能教育体系，加强人才储备和梯队建设，特别是加快引进全球顶尖人才和青年人才，形成我国人工智能人才高地。五是建设人工智能学科。完善人工智能领域学科布局，设立人工智能专业，推动人工智能领域一级学科建设，尽快在试点院校建立人工智能学院，增加人工智能相关学科方向的博士、硕士招生名额。鼓励高校在原有基础上拓宽人工智能专业教育内容，形成“人工智能 +X”复合专业培养新模式，重视人工智能与数学、计算机科学、物理学、生物学、心理学、社会学、法学等学科专业教育的交叉融合。加强产学研合作，鼓励高校、科研院所与企业等机构合作开展人工智能学科建设。

（2）培育高端高效的智能经济。加快培育具有重大引领带动作用的人工智能产业，促进人工智能与各产业领域深度融合，形成数据驱动、人机协同、跨界融合、共创分享的智能经济形态，引领产业向价值链高端迈进，有力支撑实体经济发展，全面提升经济发展质量和效益。重点是要大力发展人工智能新兴产业，加快推进产业智能化升级，大力发展智能企业，打造人工智能创新高地。一是大力发展人工智能新兴产业。加快人工智能关键技术转化应用，促进技术集成与商业模式创新，推动重点领域智能产品创新，积极培育人工智能新兴业态，布局产业链高端，打造具有国际竞争力的人工智能产业集群。二是加快推进产业智能化升级。推动人工智能与各行业融合创新，在制造、农业、物流、金融、商务、家居等重点行业和领域开展人工智能应用试点示范，推动人工智能规模化应用，全面提升产业发展智能化水平。三是大力发展智能企业。大规模推动企业智能化升级。支持和引导企业在设计、生产、管理、物流和营销等核心业务环节应用人工智能新技术，构建新型企业组织结构和运营方式，形成制造与服务、金融智能化融合的业态模式，发展个性化定制，扩大智能产品供给。鼓励大型互联网企业建设云制造平台和服务平台，面向制造企业在线提供关键工业软件和模型库，开展制造能力外包服务，推动中小企业智能化发展。四是打造人工智能创新高地。结合各地区基础和优势，按人工智能应用领域分门别类进行相关产业布局。鼓励地方围绕人工智能产业链和创新链，集聚高端要素、高端企业、高端人才，打造人工智能产业集群和创新高地。

（3）建设安全便捷的智能社会。围绕满足人民日益增长的美好生活的需要，以提高人民生活水平和质量为目标，加快人工智能深度应用，重点是发展便捷高效的智能服务，推进社会治理智能化，利用人工智能提升公共安全保障能力，以及促进社会交往共享互信。形成无时不有、无处不在的智能化环境，全社会的智能化水平大幅提升，社会运行更加安全高效。一是发展便捷高效的智能服务。围绕教育、医疗、养老等迫切民生需求，加快人工智能创新应用，为公众提供个性化、多元化、高品质服务。二是推进社会治理智能化。围绕行政管理、司法管理、城市管理、环境保护等社会治理的热点难点问题，促进人工智能技术应用，推动社会治理现代化。三是利用人工智能提升公共安全保障能力。促进人工智能在公共安全领域的深度应用，推动构建公共安全智能化监测预警与控制体系。围绕社会综合治理、新型犯罪侦查、反恐等迫切需求，研发集成多种探测传感技术、视频图像信息分析识别技术、生物特征识别技术的智能安防与警用产品，建立智能化监测平台。加强对重点公共区域安防设备的智能化改造升级，支持有条件的社区或城市开展基于人工智能的公共安防区域示范。强化人工智能对食品安全的保障，围绕食品分类、预警等级、食品安全隐患及评估等，建立智能化食品安全预警系统。加强人工智能对自然灾害的有效监测，围绕地震灾害、地质灾害、气象灾害、水旱灾害和海洋灾害等重大自然灾害，构建智能化监测预警与综合应对平台。四是促进社会交往共享互信。充分发挥人工智能技术在增强社会互动、促进可信交流中的作用。加强下一代社交网络研发，加快增强现实、虚拟现实等技术推广应用，促进虚拟环境和实体环境协同融合，满足个人感知、分析、判断与决策等实时信息需求，实现在工作、学习、生活、娱乐等不同场景下的流畅切换。针对改善人际沟通障碍的需求，开发具有情感交互功能、能准确理解人的需求的智能助理产品，实现情感交流和需求满足的良性循环。促进区块链技术与人工智能的融合，建立新型社会信用体系，最大限度降低人际交往成本和风险。

（4）加强人工智能领域军民融合。深入贯彻落实军民融合发展战略，推动形成全要素、多领域、高效益的人工智能军民融合格局。以军民共享共用为导向部署新一代人工智能基础理论和关键共性技术研发，建立科研院所、高校、企业和军工单位的常态化沟通协调机制。促进人工智能技术军民双向转化，强化新一代人工智能技术对指挥决策、军事推演、国防装备等的有力支撑，引导国防领域人工智能科技成果向民用领域转化应用。鼓励优势民口科研力量参与国防领域人工智能重大科技创新任务，推动各类人工智能技术快速嵌入国防创新领域。加强军民人工智能技术通用标准体系建设，推进科技创新平台基地的统筹布局和开放共享。

（5）构建泛在安全高效的智能化基础设施体系。大力推动智能化信息基础设施建设，提升传统基础设施的智能化水平，形成适应智能经济、智能社会和国防建设需要的基础设施体系。加快推动以信息传输为核心的数字化、网络化信息基础设施，向集融合感知、传输、存储、计算、处理于一体的智能化信息基础设施转变。优化升级网络基础设施，研发布局第五代移动通信（5G）系统，完善物联网基础设施，加快天地一体化信息网络建设，提高低时延、高通量的传输能力。统筹利用大数据基础设施，强化数据安全与隐私保护，为人工智能研发

2018 世界移动大会上 5G 技术成热点

和广泛应用提供海量数据支撑。建设高效能计算基础设施，提升超级计算中心对人工智能应用的服务支撑能力。建设分布式高效能源互联网，形成支撑多能源协调互补、及时有效接入的新型能源网络，推广智能储能设施、智能用电设施，实现能源供需信息的实时匹配和智能化响应。

（6）前瞻布局新一代人工智能重大科技项目。针对我国人工智能发展的迫切需求和薄弱环节，设立新一代人工智能重大科技项目。加强整体统筹，明确任务边界和研发重点，形成以新一代人工智能重大科技项目为核心、现有研发布局为支撑的“1+N”人工智能项目群。“1”是指新一代人工智能重大科技项目，聚焦基础理论和关键共性技术的前瞻布局，包括研究大数据智能、跨媒体感知计算、混合增强智能、群体智能、自主协同控制与决策等理论，研究知识计算引擎与知识服务技术、跨媒体分析推理技术、群体智能关键技术、混合增强智能新架构与新技术、自主无人控制技术等，开源共享人工智能基础理论和共性技术。持续开展人工智能发展的预测和研判，加强人工智能对经济社会综合影响及对策研究。“N”是指国家相关规划计划中部署的人工智能研发项目，重点是加强与新一代人工智能重大科技项目的衔接，协同推进人工智能的理论研究、技术突破和产品研发应用。加强与国家科技重大专项的衔接，在“核高基”（核心电子器件、高端通用芯片、基础软件）、集成电路装备等国家科技重大专项中支持人工智能软硬件发展。加强与其他“科技创新 2030 —重大项目”的相互支撑，加快脑科学与类脑计算、量子信息与量子计算、智能制造与机器人、大数据等研究，为人工智能重大技术突破提供支撑。国家重点研发计划继续推进高性能计算等重点专项实施，加大对人工智能相关技术研发和应用的支持；国家自然科学基金加强对人工智能前沿领域交叉学科研究和自由探索的支持。在深海空间站、健康保障等重大项目，以及智慧城市、智能农机装备等国家重点研发计划重点专项部署中，加强人工智能技术的应用示范。其他各类科技计划支持的人工智能相关基础理论和共性技术研究成果应开放共享。创新新一代人工智能重大科技项目组织实施模式，坚持集中力量办大事、重点突破的原则，充分发挥市场机制作用，调动部门、地方、企业和社会各方面力量共同推进实施。明确管理责任，定期开展评估，加强动态调整，提高管理效率。

（六）主要措施

《规划》提出，围绕推动我国人工智能健康快速发展的现实要求，妥善应对人工智能可能带来的挑战，形成适应人工智能发展的制度安排，构建开放包容的国际化环境，夯实人工智能发展的社会基础，并从法律法规、伦理规范、重点政策、知识产权与标准、安全监管与评估、劳动力培训、科学普及等方面提出保障措施。

（1）制定促进人工智能发展的法律法规和伦理规范。加强人工智能相关法律、伦理和社会问题研究，建立保障人工智能健康发展的法律法规和伦理道德框架。开展与人工智能应用相关的民事与刑事责任确认、隐私和产权保护、信息安全利用等法律问题研究，建立追溯和问责制度，明确人工智能法律主体以及相关权利、义务和责任等。重点围绕自动驾驶、服务机器人等应用基础较好的细分领域，加快研究制定相关安全管理法规，为新技术的快速应用奠定法律基础。开展人工智能行为科学和伦理等问题研究，建立伦理道德多层次判断结构及人机协作的伦理框架。制定人工智能产品研发设计人员的道德规范和行为守则，加强对人工智能潜在危害与收益的评估，构建人工智能复杂场景下突发事件的解决方案。积极参与人工智能全球治理，加强机器人异化和安全监管等人工智能重大国际共性问题研究，深化在人工智能法律法规、国际规则等方面的国际合作，共同应对全球性挑战。

（2）完善支持人工智能发展的重点政策。落实对人工智能中小企业和初创企业的财税优惠政策，通过高新技术企业税收优惠和研发费用加计扣除等政策支持人工智能企业发展。完善落实数据开放与保护相关政策，开展公共数据开放利用改革试点，支持公众和企业充分挖掘公共数据的商业价值，促进人工智能应用创新。研究完善适应人工智能的教育、医疗、保险、社会救助等政策体系，有效应对人工智能带来的社会问题。

（3）建立人工智能技术标准和知识产权体系。加强人工智能标准框架体系研究。坚持安全性、可用性、互操作性、可追溯性原则，逐步建立并完善人工智能基础共性、互联互通、行业应用、网络安全、隐私保护等技术标准。加快推动无人驾驶、服务机器人等细分应用领域的行业协会和联盟制定相关标准。鼓励人工智能企业参与或主导制定国际标准，以技术标准"走出去"带动人工智能产品和服务在海外推广应用。加强人工智能领域的知识产权保护，健全人工智能领域技术创新、专利保护与标准化互动支撑机制，促进人工智能创新成果的知识产权化。建立人工智能公共专利池，促进人工智能新技术的利用与扩散。

（4）建立人工智能安全监管和评估体系。加强人工智能对国家安全和保密领域影响的研究与评估，完善人、技、物、管配套的安全防护体系，构建人工智能安全监测预警机制。加强对人工智能技术发展的预测、研判和跟踪研究，坚持问题导向，准确把握技术和产业发展趋势。增强风险意识，重视风险评估和防控，强化前瞻预防和约束引导，近期重点关注对就业的影响，远期重点考虑对社会伦理的影响，确保把人工智能发展规制在安全可控范围内。建立健全公开透明的人工智能监管体系，实行设计问责和应用监督并重的双层监管结构，实现对人工智能算法设计、产品开发和成果应用等的全流程监管。促进人工智能行业和企业自律，切实加强管理，加大对数据滥用、侵犯个人隐私、违背道德伦理等行为的惩戒力度。加强人工智能网络安全技术研发，强化人工智能产品和系统网络安全防护。构建动态的人工智能研发应用评估评价机制，围绕人工智能设计、产品和系统的复杂性、风险性、不确定性、可解释性、潜在经济影响等问题，开发系统性的测试方法和指标体系，建设跨领域的人工智能测试平台，推动人工智能安全认证，评估人工智能产品和系统的关键性能。

（5）大力加强人工智能劳动力培训。加快研究人工智能带来的就业结构、就业方式转变以及新型职业和工作岗位的技能需求，建立适应智能经济和智能社会需要的终身学习和就业培训体系，支持高等院校、职业学校和社会化培训机构等开展人工智能技能培训，大幅提升就业人员专业技能，满足我国人工智能发展带来的高技能高质量就业岗位需要。鼓励企业和各类机构为员工提供人工智能技能培训。加强职工再就业培训和指导，确保从事简单重复性工作的劳动力和因人工智能失业的人员顺利转岗。

（6）广泛开展人工智能科普活动。支持开展形式多样的人工智能科普活动，鼓励广大科技工作者投身人工智能的科普与推广，全面提高全社会对人工智能的整体认知和应用水平。实施全民智能教育项目，在中小学阶段设置人工智能相关课程，逐步推广编程教育，鼓励社会力量参与寓教于乐的编程教学软件、游戏的开发和推广。建设和完善人工智能科普基础设施，充分发挥各类人工智能创新基地平台等的科普作用，鼓励人工智能企业、科研机构搭建开源平台，面向公众开放人工智能研发平台、生产设施或展馆等。支持开展人工智能竞赛，鼓励进行形式多样的人工智能科普创作。鼓励科学家参与人工智能科普。

四、我国人工智能相关重要部署

为落实新一代人工智能发展规划，各部门纷纷出台相关行动方案和计划，在人工智能产业发展、学科布局、人才培育和创新生态建设等方面加快部署，形成了统筹推进、相互支撑的人工智能发展格局。

（一）“互联网+”人工智能三年行动实施方案

为充分发挥人工智能技术创新的引领作用，支撑各行业领域“互联网+”创业创新，培育经济发展新动能，2017年国务院发布了《“互联网+”人工智能三年行动实施方案》（以下简称《实施方案》）。此次方案的出台可谓“目标高、方位全、措施全”。目标高，着眼全球产业，总体技术和产业发展与国际同步，应用及系统级技术局部领先，在重点领域培育若干全球领先的人工智能骨干企业。方位全，内容包括人工智能基础理论、标准等应用领域，涵盖完整的人工智能产业生态圈，保证我国在人工智能产业的可持续竞争能力。措施全，确定了九个重点工程，并从资金支持、标准体系等六个方面推动人工智能产业的发展。这是我国人工智能行业空前的政策催化，有望大大加速人工智能时代的到来。

《实施方案》中总目标部分明确指出：到2018年，要打造出人工智能基础资源与创新平台，人工智能产业体系、创新服务体系、标准化体系基本建立，基础核心技术有所突破，总体技术和产业发展与国际同步，应用及系统级技术局部领先。在重点领域培育若干全球领先的人工智能骨干企业，初步建成基础坚实、创新活跃、开放协作、绿色安全的人工智能产业生态，形成千亿级的人工智能市场应用规模。

《实施方案》分成四个方面实施，分别是：培育人工智能新兴产业、推进重点领域智能产品创新、提升终端产品智能化水平、保障措施。

——培育人工智能新兴产业。在培育发展人工智能新兴产业方面，《实施方案》指出，要加快建设文献、语音、图像、视频、地图等多种类数据的海量训练资源库和基础资源服务公共平台，建设支撑超大规模深度学习的新型计算集群，建立完善产业公共服务平台。研究网络安全周期服务，提供云网端一体化、综合性安全服务。进一步推进计算机视觉、智能语音处理、生物特征识别、自然语言理解、智能决策控制以及新型人机交互等关键技术的研发和产业化，为产业智能化升级夯实基础。要在培育发展人工智能新兴产业过程中重点打造两个重点工程，即核心技术研发与产业化工程和基础资源公共服务平台工程。

——推进重点领域智能产品创新。《实施方案》指出，要推动互联网与传统行业融合创新，加快人工智能技术在家居、汽车、无人系统、安防等领域的推广应用，提升重点领域网络安全保障能力，提高生产生活的智能化服务水平。支持在制造、教育、环境、交通、商业、健康医疗、网络安全、社会治理等重要领域开展人工智能应用试点示范，推动人工智能的规模化应用，全面提升我国人工智能的集群式创新创业能力。在推进重点领域智能产品创新过程中重点打造四个重点工程，分别是：智能家居示范工程、智能汽车研发与产业化工程、智能无人系统应用工程、智能安防推广工程。

——提升终端产品智能化水平。提升终端产品智能化水平的主要任务是加快智能终端核心技术研发及产业化，丰富移动智能终端、可穿戴设备、虚拟现实等产品的服务及形态，提升高端产品供给水平。制定智能硬件产业创新发展专项行动方案，引导智能硬件产业健康有序发展。推动人工智能与机器人技术的深度融合，提升工业机器人、特种机器人、服务机器人等智能机器人的技术与应用水平。其中包括三个重点工程，分别是：智能终端应用能力提升工程、智能可穿戴设备发展工程、智能机器人研发与应用工程。

——保障措施。在保障措施方面，主要侧重在资金支持、标准体系、知识产权、人才培养、国际合作、组织实施六个方面作出重点部署，进一步为充分落实《实施方案》提供了更好的支撑。

（二）2012 年智能制造装备发展专项

智能制造装备是具有预测、感知、分析、推理、决策、控制功能装备的总称，它是先进制造技术、信息技术和人工智能技术在装备产品上的集成和融合。"智能制造装备"概念自 2010 年 10 月《国务院关于加快培育和发展战略性新兴产业的决定》首次作为发展重点明确提出，近两年在制造业内外都得到了广泛的关注。尤其是工业机器人、3D 打印技术等新领域的涌现，更是使智能制造装备跃升为媒体热炒的未来产业之星。但从当前我国的发展情况来看，智能制造技术和装备的应用拓展仍需要政府和业内企业的更多努力。

为贯彻落实《国民经济和社会发展第十二个五年规划纲要》和《国务院关于加快培育和发展战略性新兴产业的决定》，加快智能制造装备的创新发展和产业化，推动制造业转型升级，国家发展改革委、财政部、工信部于2011年组织了智能制造装备发展专项，支持了汽车自动化焊接、煤炭综采设备、机场行李分拣等重大智能成套装备的研发及示范应用，取得了预期效果。在此基础上，国家发展改革委、财政部、工信部决定2012年继续组织实施智能制造装备发展专项。

一是推进制造业领域智能制造成套装备的创新发展和应用。建立依托用户发展重大智能制造装备的创新机制，以用户为龙头，以装备制造单位为主体，落实产学研用相结合的优势，开展汽车、冶金、大化工、数字化车间等国民经济重点制造业领域所需智能制造装备的联合研发创新活动，发挥依托工程或重点建设项目的带动作用，突破测控装置与关键零部件在智能制造装备中的应用技术，推动智能制造装备的创新发展，促进其推广应用和产业化。二是加强智能测控装置的研发、应用与产业化，夯实智能制造装备产业发展基础。建立重大智能成套装备与关键智能测控部件的协调发展机制，着重提高以传感器、智能仪器仪表、自动控制系统、工业机器人、精密传动装置、伺服控制机构为代表的体现感知、决策（控制）、执行三大功能的基础零部件自主创新能力和产业化能力，促进重大智能制造成套装备与关键智能测控部件的协同发展。三是促进智能技术和智能制造系统在国民经济重点领域的应用。关键智能共性技术、核心智能测控装置与部件在节能环保、基础设施、资源开采等领域得到广泛应用，取得显著的经济效益和社会效益。智能制造系统在国民经济重点领域得到应用，提升生产过程的自动化和智能化水平，提高生产效率、优化要素配置、增强产品质量、降低生产成本，增强我国部分制造领域的国际竞争力。通过研发和应用智能制造装备，显著提升国内制造业生产过程的智能化水平，促进工业化和信息化的深度融合，提升生产效率、技术水平和产品质量，降低能源资源消耗。

（三）促进新一代人工智能产业发展三年行动计划（2018—2020年）

目前，我国智能网联汽车、智能服务机器人、智能无人机、智能语音交互系统等智能化产品技术、产业基础较好，部分细分领域的产品已经走在国际前列。但是智能传感器、神经网络芯片、开源开放平台等关键环节市场竞争力不强，是产业链上的薄弱环节。另外，制造业是人工智能最先落地的行业之一，需要加快应用人工智能技术进行改造升级，以求深化发展。

为了解决以上产业存在的一些问题，落实《新一代人工智能发展规划》，深入实施“中国制造2025”，抓住历史机遇，突破重点领域，促进人工智能产业发展，提升制造业智能化水平，推动人工智能和实体经济深度融合，工信部制定了《促进新一代人工智能产业发展三年行动计划（2018—2020年）》（以下简称《三年行动计划》）。《三年行动计划》从推动产业发展角度出发，结合“中国制造2025”，对《新一代人工智能发展规划》相关任务进行了细化和落实，以信息技术与制造技术深度融合为主线，推动新一代人工智能技术的产业化与集成应用，发展高端智能产品，夯实核心基础，提升智能制造水平，完善公共支撑体系。《三年行动计划》以三年为期限明确了多项任务的具体指标，操作性和执行性很强。

《三年行动计划》指出：力争到2020年，在一系列人工智能标志性产品取得重要突破，在若干重点领域形成国际竞争优势，人工智能和实体经济融合进一步深化，产业发展环境进一步优化。其中重点指出，要实现重点产品规模化发展、整体核心基础能力显著增强、智能制造深化发展、产业支撑体系基本建立。

——人工智能重点产品规模化发展，智能网联汽车技术水平大幅提升，智能服务机器人实现规模化应用，智能无人机等产品具有较强全球竞争力，医疗影像辅助诊断系统等扩大临床应用，视频图像识别、智能语音、智能翻译等产品达到国际先进水平。

——人工智能整体核心基础能力显著增强，智能传感器技术产品实现突破，设计、代工、封测技术达到国际水平，神经网络芯片实现量产并在重点领域实现规模化应用，开源开发平台初步具备支撑产业快速发展的能力。

——智能制造深化发展，复杂环境识别、新型人机交互等人工智能技术在关键技术装备中加快集成应用，智能化生产、大规模个性化定制、预测性维护等新模式的应用水平明显提升。重点工业领域智能化水平显著提高。

——人工智能产业支撑体系基本建立，具备一定规模的高质量标注数据资源库、标准测试数据集建成并开放，人工智能标准体系、测试评估体系及安全保障体系框架初步建立，智能化网络基础设施体系逐步形成，产业发展环境更加完善。

《三年行动计划》按照"系统布局、重点突破、协同创新、开放有序"的原则，在深入调研基础上研究提出四方面重点任务。

一是重点培育和发展智能网联汽车、智能服务机器人、智能无人机、医疗影像辅助诊断系统、视频图像身份识别系统、智能语音交互系统、智能翻译系统、智能家居产品等智能化产品，推动智能产品在经济社会的集成应用。以上智能化产品已有较好的技术、产业基础，部分细分领域的产品已经走在了国际前列，在国家政策引导下有望实现规模化发展，形成由点到面的突破，并带动人工智能技术在行业中的深入应用。

二是重点发展智能传感器、神经网络芯片、开源开放平台等关键环节，夯实人工智能产业发展的软硬件基础。以上这些产品或平台市场竞争力不强，是产业链上的薄弱环节，对产业发展可能形成制约，亟待加快创新发展，夯实基础，补齐短板。

三是深化发展智能制造，鼓励新一代人工智能技术在工业领域各环节的探索应用，提升智能制造关键技术装备创新能力，培育推广智能制造新模式。制造业是人工智能最先落地的行业之一，“中国制造 2025”提出“以推进智能制造为主攻方向”的明确要求。近年来，在党中央国务院的高度重视下，我国制造业发展已取得积极进展，特别是在加快发展智能制造，推动制造业智能化升级改造方面开展大量工作。《三年行动计划》与“中国制造 2025”紧密对接，进一步突出了需要加快应用人工智能技术进行改造升级的具体任务，将为智能制造的深化发展提供有力支撑。

四是构建行业训练资源库、标准测试及知识产权服务平台、智能化网络基础设施、网络安全保障等产业公共支撑体系，完善人工智能发展环境。目前，我国人工智能发展的痛点问题之一就是缺少有效的行业资源训练库等公共服务支撑体系，业界普遍反映已经影响了人工智能技术发展及在行业中的应用。《三年行动计划》注意到了这一关键问题，加大对产业公共服务平台的支持，将形成有效引导，不断完善产业发展环境。

（四）高等学校人工智能创新行动计划

为引导高等学校瞄准世界科技前沿，不断提高人工智能领域科技创新、人才培养和国际合作交流等能力，为我国新一代人工智能发展提供战略支撑，2018 年教育部制定《高等学校人工智能创新行动计划》（以下简称《高校行动计划》）。《高校行动计划》目标部分指出：力争到

2020年，基本完成适应新一代人工智能发展的高校科技创新体系和学科体系的优化布局，高校在新一代人工智能基础理论和关键技术研究等方面取得新突破，人才培养和科学研究的优势进一步提升，并推动人工智能技术广泛应用。到2025年，高校在新一代人工智能领域科技创新能力和人才培养质量显著提升，取得一批具有国际重要影响的原创成果，部分理论研究、创新技术与应用示范达到世界领先水平，有效支撑我国产业升级、经济转型和智能社会建设。到2030年，高校成为建设世界主要人工智能创新中心的核心力量和引领新一代人工智能发展的人才高地，为我国跻身创新型国家前列提供科技支撑和人才保障。

《高校行动计划》从优化高校人工智能领域科技创新体系、完善人工智能领域人才培养体系、推动高校人工智能领域科技成果转化与示范应用三大方面提出18条重点任务，着力推动高校人工智能创新。

1. 优化高校人工智能领域科技创新体系

（1）加强新一代人工智能基础理论研究。聚焦人工智能重大科学前沿问题，促进人工智能、脑科学、认知科学和心理学等领域深度交叉融合，重点推进大数据智能、跨媒体感知计算、混合增强智能、群体智能、自主协同控制与优化决策、高级机器学习、类脑智能计算和量子智能计算等基础理论研究，为人工智能范式变革提供理论支撑，为新一代人工智能重大理论创新打下坚实基础。

（2）推动新一代人工智能核心关键技术创新。围绕新一代人工智能关键算法、硬件和系统等，加快机器学习、计算机视觉、知识计算、深度推理、群智计算、混合智能、无人系统、虚拟现实、自然语言理解、智能芯片等核心关键技术研究，在类脑智能、自主智能、混合智能和群体智能等领域取得重大突破，形成新一代人工智能技术体系；在核心算法和数据、硬件基础上，以提升跨媒体推理能力、群智智能分析能力、混合智能增强能力、自主运动体执行能力、人机交互能力为重点，构建算法和芯片协同、软件和硬件协同、终端和云端协同的人工智能标准化、开源化和成熟化的服务支撑能力。

（3）加快建设人工智能科技创新基地。围绕人工智能领域基础理论、核心关键共性技术和公共支撑平台等方面需求，加快建设教育部前沿科学中心、教育部重点实验室、教育部工程研究中心等创新基地；以交叉前沿突破和国家区域发展等重大需求为导向，促进高校、科研院所和企业等创新主体协同互动，建设协同创新中心；加快国家实验室、国家重点实验室、国家技术创新中心、国家工程研究中心、国家重大科技基础设施等各类国家级创新基地培育；鼓励高校建设新型科研组织机构，开展跨学科研究。

（4）加快建设一流人才队伍和高水平创新团队。支持高校承担国家重大科技任务，培养、造就一批具有国际声誉的战略科技人才、科技领军人才；支持高校组建一批人工智能、脑科学和认知科学等跨学科、综合交叉的创新团队和创新研究群体；支持高校依托国家“千人计划”“万人计划”和“长江学者奖励计划”等大力培养引进优秀青年骨干人才；加强对从事基础性研究、公益性研究的拔尖人才和优秀创新团队的稳定支持。

（5）加强高水平科技智库建设。鼓励、支持高校牵头或参与建设人工智能领域战略研究基地，围绕人工智能发展对教育、经济、就业、法律、国家安全等重大、热点、前瞻性问题开展战略研究与政策研究，形成若干高水平新型科技智库。

（6）加大国际学术交流与合作力度。支持高校新建一批人工智能领域“111 引智基地”和国际合作联合实验室，培育国际大科学计划和大科学工程，加快引进国际知名学者参与学科建设和科学研究；支持举办高层次人工智能国际学术会议，推动我国学者担任相关国际学术组织重要职务，提升国际影响力；支持我国学者积极参与人工智能相关国际规则制定，适时提出“中国倡议”和“中国标准”。

2. 完善人工智能领域人才培养体系

（1）完善学科布局。加强人工智能与计算机、控制、量子、神经和认知科学以及数学、心理学、经济学、法学、社会学等相关学科的交叉融合。支持高校在计算机科学与技术学科设置人工智能学科方向，推进人工智能领域一级学科建设，完善人工智能基础理论、计算机视觉与模式识别、数据分析与机器学习、自然语言处理、知识工程、智能系统等相关方向建设。支持高校在“双一流”建设中，加大对人工智能领域相关学科的投入，促进相关交叉学科发展。

（2）加强专业建设。加快实施“卓越工程师教育培养计划”（2.0 版），推进一流专业、一流本科、一流人才建设。根据人工智能理论和技术具有普适性、迁移性和渗透性的特点，主动结合学生的学习兴趣和社会需求，积极开展“新工科”研究与实践，重视人工智能与计算机、控制、数学、统计学、物理学、生物学、心理学、社会学、法学等学科专业教育的交叉融合，探索“人工智能 +X”的人才培养模式。鼓励对计算机专业类的智能科学与技术、数据科学与大数据技术等专业进行调整和整合，对照国家和区域产业需求布点人工智能相关专业。

（3）加强教材建设。加快人工智能领域科技成果和资源向教育教学转化，推动人工智能重要方向的教材和在线开放课程建设，特别是人工智能基础、机器学习、神经网络、模式识别、计算机视觉、知识工程、自然语言处理等主干课程的建设，推动编写一批具有国际一流水平的本科生、研究生教材和国家级精品在线开放课程；将人工智能纳入大学计算机基础教学内容。

（4）加强人才培养力度。完善人工智能领域多主体协同育人机制。深化产学合作协同育人，推广实施人工智能领域产学合作协同育人项目，以产业和技术发展的最新成果推动人才培养改革。支持建立人工智能领域“新工科”建设产学研联盟，建设一批集教育、培训及研究于一体的区域共享型人才培养实践平台；积极搭建人工智能领域教师挂职锻炼、产学研合作等工程能力训练平台。推动高校教师与行业人才双向交流机制。鼓励有条件的高校建立人工智能学院、人工智能研究院或人工智能交叉研究中心，推动科教结合、产教融合协同育人的模式创新，多渠道培养人工智能领域创新创业人才；引导高校通过增量支持和存量调整，稳步增加相关学科专业招生规模、合理确定层次结构，加大人工智能领域人才培养力度。

（5）开展普及教育。鼓励、支持高校相关教学、科研资源对外开放，建立面向青少年和社会公众的人工智能科普公共服务平台，积极参与科普工作；支持高校教师参与中小学人工智能普及教育及相关研究工作；在教师职前培养和在职培训中设置人工智能相关知识和技能课程，培养教师实施智能教育能力；在高校非学历继续教育培训中设置人工智能课程。

（6）支持创新创业。鼓励国家大学科技园、创新创业基地等开展人工智能领域创新创业项目；认定一批高等学校双创示范园，支持高校师生开展人工智能领域创新创业活动；在中国“互联网+”大学生创新创业大赛中设立人工智能方面的赛项，积极推动全国青少年科技创新大赛、挑战杯全国大学生课外学术科技作品竞赛等开展多层次、多类型的人工智能科技竞赛活动。

（7）加强国际交流与合作。在“丝绸之路”中国政府奖学金中支持人工智能领域来华留学人才培养，为沿线国家培养行业领军人才和优秀技能人才；鼓励和支持国内学生赴人工智能领域优势国家留学，加大对人工智能领域留学的支持力度，多方式、多渠道利用国际优质教育资源；依托“联合国教科文组织中国创业教育联盟”，加大和促进人工智能创新创业的国际交流与合作。

3. 推动高校人工智能领域科技成果转化与示范应用

（1）加强重点领域应用。实施“人工智能 +”行动。支持高校在智能教育、智能制造、智能医疗、智能城市、智能农业、智能金融、智能司法和国防安全等领域开展技术转移和成果转化，加强应用示范；加强与有关行业部门的合作，推动在教育、文化、医疗、交通、制造、农林、金融、安全、国防等领域形成新产业和新业态，培育一批人工智能技术引领型企业，推动形成若干产业集群和示范区。

（2）推进智能教育发展。推动学校教育教学变革，在数字校园的基础上向智能校园演进，构建技术赋能的教学环境，探索基于人工智能的新教学模式，重构教学流程，并运用人工智能开展教学过程监测、学情分析和学业水平诊断，建立基于大数据的多维度综合性智能评价，精准评估教与学的绩效，实现因材施教；推动学校治理方式变革，支持学校运用人工智能技术变革组织结构和管理体制，优化运行机制和服务模式，实现校园精细化管理、个性化服务，全面提升学校治理水平；推动终身在线学习，鼓励发展以学习者为中心的智能化学习平台，提供丰富的个性化学习资源，创新服务供给模式，实现终身教育定制化。

（3）推动军民深度融合。以信息技术为重点，以人工智能技术为突破口，面向信息高效获取、语义理解、信息运用，以无人系统、人机混合系统为典范，建设军民共享人工智能技术创新基地，加强军民融合人工智能创新研究项目培育，推动高校相关技术创新带动军事优势、信息优势，做到“升级为军，退级为民”。

（4）鼓励创新联盟建设和资源开放共享。鼓励、支持高校联合企业、行业组织、科研机构等建设人工智能产业技术创新联盟，积极参与新一代人工智能重大科技项目的实施和人工智能国家标准体系建设与国际标准制定；支持高校积极参加人工智能开源开放平台建设，鼓励高校对纳入平台的技术作为科研成果予以认定，并作为评价奖励的因素。

（5）支持地方和区域创新发展。根据区域经济及产业发展特点，围绕国家重大部署，加强与京津冀、雄安新区、长三角地区、粤港澳大湾区、东北地区、中西部地区等区域和地方合作，支持高校、政府和企业共建一批人工智能领域协同创新中心、联合实验室等创新平台和新型研发机构，推动高校人工智能领域的基础性、原创性研究与地方、企业需求对接，加速地方转型升级和区域创新发展。

第三章

人工智能产业创新与发展

人工智能产业链全景分析

人工智能产业结构及其规模

全国及主要城市人工智能政策分析

我国重点地区人工智能产业创新实践

我国人工智能投融资分析

在人工智能新时代下，新一代人工智能相关学科发展、理论建模、技术创新、软硬件升级等整体推进，正在引发链式突破，推动经济社会各领域从数字化、网络化向智能化加速跃升。习近平总书记多次强调，要实现高质量发展，提高经济社会发展智能化水平，促进国家治理体系和治理能力现代化。我国人工智能产业生态不断完善，国家顶层战略持续推进，国内重点城市积极开展布局人工智能产业创新实践，投融资热度稳定提升。

一、人工智能产业链全景分析

伴随着机器学习算法的迅速发展、计算成本的下降、移动互联积累的大数据和应用的不断普及，云计算、大数据、物联网等引发的技术革命和产业变革愈演愈烈，人工智能正成为全球信息领域产业竞争的新一轮焦点，触发并加速推动着新一轮科技革命和产业革命的发展。

人工智能产业体系主要包含硬件、软件和应用。硬件为人工智能技术提供计算能力和数据信息；软件包含开放平台和工具技术，为机器学习提供核心算法应用技术的通用平台与服务接口等，目前软件开发的主导者就是我们熟知的互联网公司和垂直领域的技术公司，如谷歌、百度等；应用层主要包括行业应用，利用人工智能技术引领传统行业向智能化升级。

人工智能产业的产业生态可以分为基础层、技术层、应用层和保障层（见图 3-1）。其中，基础层侧重计算能力和数据资源平台的搭建，技术层侧重核心技术的研发，应用层更注重应用发展。而保障层涵盖创新法律法规、伦理安全等标准制定，护航人工智能产业生态的健康发展。

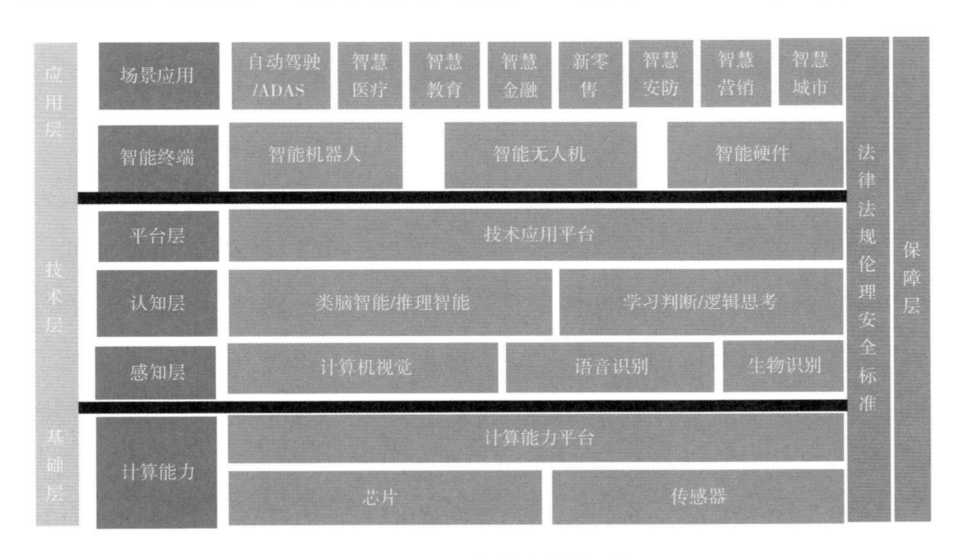

图 3-1　人工智能产业链环节

数据来源：赛迪顾问《Forecast 2018——中国 ICT 细分领域发展趋势报告》(2018 年 3 月)。

基础层和技术层主要包括计算能力等相关的基础设施搭建。计算机视觉、语音识别、生物识别等感知技术，类脑智能／推理智能、学习判断／逻辑思考等认知技术，以及人工智能开源软硬件平台、自主无人系统支撑平台等技术应用平台，是人工智能向产业转化的技术支撑，降低人工智能的应用门槛。

应用层主要涵盖人工智能在各类场景中的应用。其中，智能终端产品，包括智能机器人、智能无人机、智能硬件等。重点场景应用包括自动驾驶、智慧医疗、智慧教育、智慧金融、新零售、智慧安防、智慧营销、智慧城市等，是基于现有的传统产业，利用人工智能软硬件及集成服务对传统产业进行升级改造，提高智能化程度。

保障层包含人工智能产业发展过程中需要遵守的法律法规、伦理规范、安全以及标准，或在发展过程中需要修订、规范的相关法规和标准等，以保障人工智能产业生态有序可持续发展。

下面我们重点分析人工智能产业链的基础层、技术层和应用层。

（一）基础层

基础层主要包括智能传感器、智能芯片、算法模型，其中，智能传感器和智能芯片属于基础硬件，算法模型属于核心软件。随着应用场景的快速铺开，既有的人工智能产业在规模和技术水平方面均与持续增长的市场需求尚有差距，促使相关企业及科研院所进一步加强对智能传感器、智能芯片及算法模型的研发和产业化力度。

智能传感器：属于人工智能的神经末梢，是实现人工智能的核心组件，是用于全面感知外界环境的最核心元件，各类传感器的大规模部署和应用是实现人工智能不可或缺的基本条件。随着传统产业智能化改造的逐步推进，以及相关新型智能应用和解决方案的兴起，对智能传感器的需求将进一步提升。

计算芯片：主要包括 GPU（图形处理器）、FPGA（现场可编程门阵列）、ASIC（专用集成电路）三类芯片。第一类是利用 GPU 等传统通用类芯片，通过搭建人工神经网络模型，从功能层面模仿大脑的能力。近十年来，人工智能的通用计算 GPU 完全由英伟达引领。除了传统的 CPU、GPU 大厂，移动领域的众巨头在 GPU 方面的产业布局也非常值得关注。ARM 公司也开始重视 GPU 市场，其推出的 MALI 系列 GPU 凭借低功耗、低价等优势逐渐崛起。苹果也在搜罗 GPU 开发人才，以进军人工智能市场。

第二类是 FPGA 芯片。FPGA 凭借其功耗低、高效率、高可扩展性、灵活编程的优点，在人工智能计算环节中也逐渐扮演越来越重要的角色，代表厂商有赛灵思、英特尔、深鉴科技等。

第三类是 ASIC 专用计算芯片。通过改变硬件结构层来适应人工智能算法，在硬件结构层进行功能定制化开发，如谷歌的 TPU、百度的“昆仑”、寒武纪的 NPU 等。

算法模型：人工智能的算法是让机器自我学习的算法，通常可以分为监督学习和无监督学习。随着行业需求进一步具化及对分析要求进一步的提升，围绕算法模型的研发及优化活动将越发频繁。算法创新是推动本轮人工智能大发展的重要驱动力，深度学习、强化学习等技术的出现使得机器智能的水平大为提升。全球科技巨头纷纷以深度学习为核心在算法领域展开布局，谷歌、微软、IBM、Facebook、百度等相继在图片识别、机器翻译、语音识别、决策助手、生物特征识别等领域实现了创新突破。

表 3-1　基础层典型企业

智能传感器	Honeywell 霍尼韦尔、ABB、BOSCH、PHILIPS、SYNOPSYS
计算芯片	Google、Cambricon、NVIDIA、intel、IBM、VIMICRO 中星微电子、Quantum、DEEPHI TECH、Baidu 百度
算法模型	Google、IBM、Facebook、Baidu 百度

基础层国内新兴企业有望实现技术突破。目前，基础层产业的核心技术大部分仍掌握在国外企业手中，为我国企业自主开展研发带来了不利的壁垒封锁，限制了产业整体发展。但是，国内企业及科研机构进一步加强了对传感器、底层芯片及算法等基础层技术的研发力度，持续加大研究投入，以寒武纪、深鉴科技、云知声为代表的一批国内初创企业在智能芯片和算法模型方面已展开相关研发工作，取得了一定的技术积累，形成了较为完整的技术和产品体系，有望在未来引领产业创新发展。

（二）技术层

技术层主要包括语音识别、图像视频识别、文本识别等产业，其中语音识别已经延展到了语义识别层面，图像视频识别包括人脸识别、手势识别、指纹识别等领域，文本识别主要是针对印刷、手写及图像拍摄等各种字符进行辨识。随着全球人工智能基础技术的持续发展与应用领域的不断丰富，人工智能技术层各产业未来将保持快速增长态势。

计算机视觉：指利用计算机对图像进行处理、分析和理解，以识别各种不同模式状态下的目标和对象，包括人脸、手势、指纹等生物特征。视频从工程技术角度可以理解成静态图像的集合，所以视频识别与图像识别的定义和基本原理一致，在识别量和计算量上得到明显提高。随着人类社会环境感知要求的不断提升和社会安全问题的日益复杂，人脸识别和视频监控作用更加突出，图像视频识别产业未来将迎来爆发式增长。

语义识别：基于深度学习算法，经由语音资料的训练获取。根据

Global Insights 的数据，到 2024 年自然语言处理的市场规模将达到 110 亿美元。目前主要应用是智能语音助手，例如谷歌的 Google Assistant 和亚马逊的 Alexa。二者在 2018 年国际消费类电子产品展览会上成为各方关注的焦点，一方面，这反映出谷歌、亚马逊语音平台的成熟，无论是语音交互技术还是内容服务生态都相对完善；另一方面，则反映出智能语音产业链的成熟，终端设备积极接受语音能力、方案商落地能力更强。

语音识别：是将人类语音中的词汇内容转换为计算机可读的输入，例如按键、二进制编码或者字符序列。语音识别技术与其他自然语言处理技术，如机器翻译及语音合成技术相结合，可以构建出更加复杂的应用及产品。在大数据、移动互联网、云计算及其他技术的推动下，全球的语音识别产业已经步入应用快速增长期，未来将代入更多实际场景。

表 3-2　技术层典型企业

计算机视觉	云从科技 CLOUDWALK　TUPU 图普科技　FACE++　SENSETIME 商汤科技　Baidu百度
语义识别	Baidu百度　图灵机器人 TURING ROBOT　Mobvoi 出门问问　Microsoft
语音识别	Baidu百度　科大讯飞　云知声 Unisound　NUANCE　捷·通·华·声 SinoVoice　Google　speechocean 海天瑞声

在技术层中计算机视觉已成为国内热点领域。计算机视觉是目前最为成熟的人工智能领域之一，具体技术为人脸识别、车辆识别、图像识别等，在产品检测、安防、商业中都有广泛的应用前景。特别是

在安防领域，中国拥有世界最多的摄像头，对图像的分析处理需求巨大，巨大的需求必然推动行业的快速发展。手机的普及也为图像采集奠定了基础，未来基于手机的计算机视觉应用也会日益丰富，成为新的发展热点。2017年，中国计算视觉领域的投资事件达35次，规模达到128.8亿元，在人工智能各类技术领域中投资规模和投资频次均位列第二。

（三）应用层

应用层指人工智能技术在传统产业和社会建设中的应用。一方面，人工智能作为新一轮产业变革的核心驱动力，将更加广泛地应用于制造、农业、物流、金融、商务、家居等重点行业和领域，成为经济发展新引擎。另一方面，人工智能将在教育、医疗、养老、环境保护、城市运行、司法服务等领域广泛应用，全面提升人民生活品质。

应用领域主要包括利用人工智能相关技术开发的各种软硬件产品。软件产品包括语音识别、图像识别等软件和云平台。硬件产品包括机器人的智能控制模块、智能无人设备和无人/辅助驾驶汽车的硬件实现方案，属于人工智能核心产业。机器人是人工智能技术的重要载体之一，由工业机器人、服务机器人和特种机器人三种类型构成。工业机器人可以大幅度提高生产效率和产品质量，具有巨大的市场需求。服务机器人是人工智能人机交互技术的重要体现形式，从扫地机器人到人形机器人，随着服务机器人的智能化程度和交互能力不断提升，消费者对服务机器人的认可度也逐步提高。服务机器人开拓了一片全新的市场，在家政、陪护、养老等行业拥有巨大的应用前景。

表 3-3 应用层典型企业

智能家居	DUEROS echo 颠覆你的听觉体验 BroadLink U-home Haier
智能金融	蚂蚁金服 ANT FINANCIAL 天弘基金 TIANHONG 度小满金融
智能安防	uniview 宇视科技 PCI 佳都科技
智能驾驶	Baidu 百度 MOBILEYE UISEE 驭势
智能医疗	iCarbonX 碳云智能 Mazor Robotics Tencent 腾讯

国内人工智能应用层企业主要集中在个人消费与生活服务领域。它们更加关注垂直行业的应用需求，通过不断创新商业模式，对应用层各领域进行持续渗透，增加产品的实用功能、改善用户体验。同时，大部分从事人工智能的国内企业是从互联网业务起家，借鉴移动互联网和O2O等模式的已有经验，通过结合行业自身的痛点问题和行业Know-How（行业的知识经验），分析用户的使用数据，挖掘用户的各项特征，构建用户画像，从而将人工智能应用在精准营销、功能改善和客户服务等领域，持续提升客户的优质体验。

二、人工智能产业结构及其规模

目前，对人工智能的认识相对较为统一，但是对人工智能产业的概念有待进一步明确。在此，我们首先区分人工智能核心产业和应用带动产业这两个概念。

人工智能核心产业是基于人工智能技术本身，由对外提供的产品和服务所构成的产业。主要包含对外提供的产品、以平台的方式对外提供的服务、人工智能解决方案和集成服务三种类型，它也是人工智能技术最直接的落地形式。其中，对外提供产品包括软件产品和硬件产品，比如语音输入法、机器人等；以平台的方式对外提供服务，例如深度学习平台；人工智能解决方案，是通过解决方案的形式，对传统产业进行升级，例如结合无人驾驶解决方案，可以快速将传统汽车改造为无人驾驶汽车。

人工智能应用带动产业是指人工智能技术与其他传统产业相结合，在传统产业基础上打造的新一代智能产业。例如，人工智能与汽车相结合，形成智能驾驶汽车产业；人工智能技术与制造业相结合，形成智能制造产业；人工智能技术与传统的家电家居行业结合，形成智能家居产业等。

具体而言，人工智能核心产业包含了基础理论、核心技术与关键系统、基础支撑平台三个环（见图 3–2）。应用带动产业则是指最外层的人工智能新兴产业、智能服务、智能社会、智能经济等相关领域。

2017 年，中国人工智能整体产业规模超过 4000 亿元。其中人工智能核心产业规模达到 708.5 亿元，人工智能应用带动产业规模超过 3200 亿元。预计 2020 年，中国人工智能整体产业规模将超过 1 万亿元，其中人工智能核心产业规模将超过 1600 亿元，由人工智能应用带动产业规模接近 9000 亿元。（见图 3–3）

2017 年，人工智能核心产业规模达到 708.5 亿元。其中硬件占比最大，达到总产值的 55%；软件规模最小，总产值 89 亿元，占比为 14%。（见图 3–4）由人工智能芯片和传感器构成的支撑层产业规模为 141.8 亿元，占比 31%。最近几年，基于智能化技术在无人机中的广泛

图 3-2 人工智能核心产业和应用带动产业

数据来源：赛迪顾问《Forecast 2018——中国 ICT 细分领域发展趋势报告》(2018 年 3 月)。

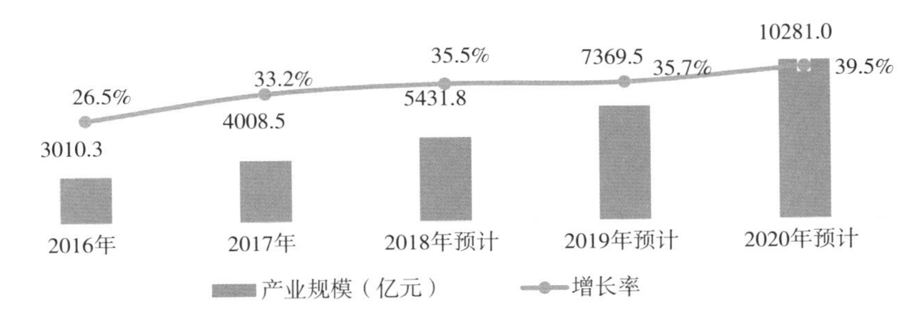

图 3-3 2016—2020 年中国人工智能整体产业规模与增长趋势

数据来源：赛迪顾问《Forecast 2018——中国 ICT 细分领域发展趋势报告》(2018 年 3 月)。

应用，智能无人系统和设备产业规模较大，占据 24.3% 的总体份额。在传统硬件行业中，机器人和家电产业体量大，但人工智能技术在此类行业的渗透率仍然偏低。

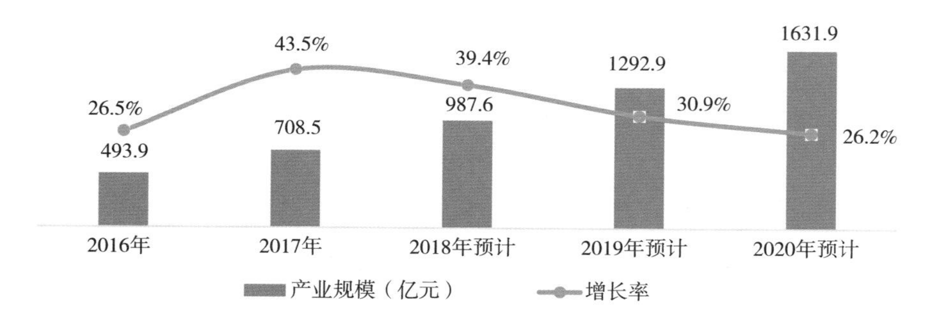

图 3-4 2016—2020 年中国人工智能核心产业规模与增长趋势

数据来源：赛迪顾问《Forecast 2018——中国 ICT 细分领域发展趋势报告》(2018 年 3 月)。

人工智能产品结构大类上分为支撑层、软件产品和硬件产品。其中，硬件产品占比最大，达到 55%。进一步从细分产品结构来看，计算芯片及智能传感器的占比最大，达到 31%。(见图 3-5、图 3-6)

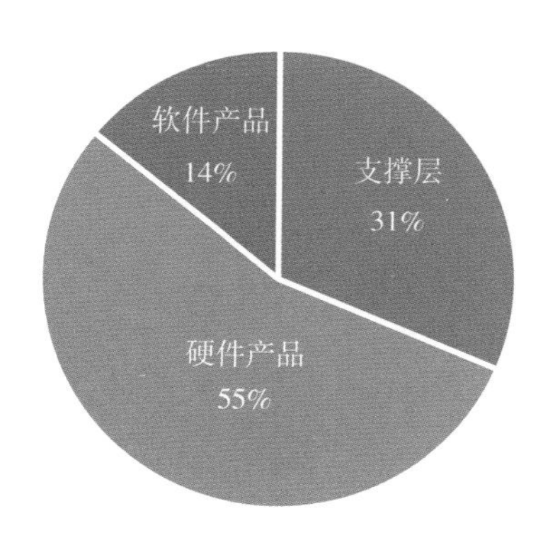

图 3-5 2017 年中国人工智能产品结构

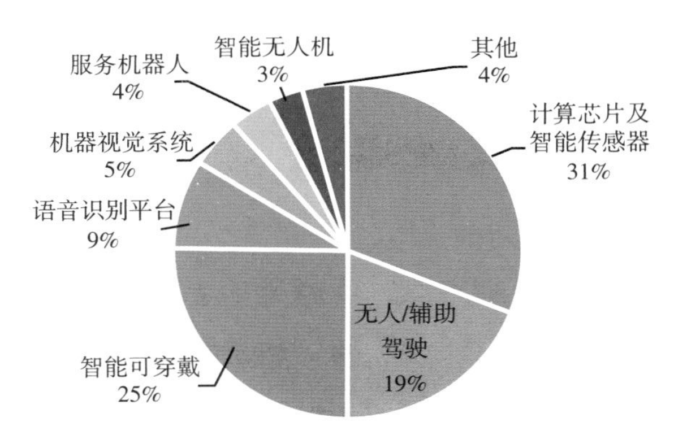

图 3-6　2017 年中国人工智能细分产品结构

数据来源：赛迪顾问《Forecast 2018——中国 ICT 细分领域发展趋势报告》（2018 年 3 月）。

三、全国及主要城市人工智能政策分析

中国人工智能整体产业正处在快速发展的阶段，从国家战略层面到主要城市均开始大力布局，力图在科研、产业、人才、资金等多个方面，全面推动人工智能的发展。

（一）国家顶层人工智能战略布局

人工智能是引领未来的战略性技术，世界主要发达国家都把发展人工智能作为提升国家竞争力、维护国家安全的重大战略，加紧出台规划和政策，力图在新一轮国际科技竞争中掌握主导权。美国于 2013 年启动创新神经技术脑研究计划，计划在 10 年内（2013—2023 年）投入 45 亿美元。2014 年资助 13 亿美元人工智能项目，成立 12 个地方中心，研发自动化、人工智能和机器人。2016 年 10 月，白宫发布了《为人工

智能的未来做好准备》《国家人工智能研究与发展战略规划》两份报告，将人工智能上升到国家战略高度。日本依托在智能机器人领域的全球领先地位，积极推动人工智能的快速发展。2015 年，日本政府投入 10 亿日元成立“人工智能研究中心”，集中开发人工智能先进技术。英国于 2017 年宣布了“现代工业战略”，增加 47 亿英镑用于人工智能的研发。德国将人工智能作为自身“工业 4.0”战略的重要组成部分，是本国发展战略的重点。

我国人工智能顶层战略推进力度正在不断加大。2015 年 7 月，国务院印发《关于积极推进“互联网 +”行动的指导意见》，将人工智能作为其主要的十一项行动之一。该指导意见明确提出，依托互联网平台提供人工智能公共创新服务，加快人工智能核心技术突破，促进人工智能在智能家居、智能终端、智能汽车、机器人等领域的推广应用；要进一步推进计算机视觉、智能语音处理、生物特征识别、自然语言理解、智能决策控制以及新型人机交互等关键技术的研发和产业化。

2017 年 3 月，“人工智能”首次被写入政府工作报告。在十二届全国人大五次会议通过的政府工作报告中，指出要加快培育壮大新兴产业，全面实施战略性新兴产业发展规划，加快人工智能等技术研发和转化，做大做强产业集群。

2017 年 7 月，国务院印发《新一代人工智能发展规划》。该规划提出了“三步走”的战略目标，在 2030 年抢占人工智能全球制高点，人工智能核心产业规模超过 1 万亿元，带动相关产业规模超过 10 万亿元。

2017 年 12 月，工信部发布《促进新一代人工智能产业发展三年行动计划（2018—2020 年）》，重点规划了智能网联汽车、智能服务机器人、智能无人机、医疗影像辅助诊断系统、视频图像身份识别系统、智能语音交互系统、智能翻译系统、智能家居产品八大类智能产品的发展方向与目标。

（二）重点城市人工智能扶持措施

目前，全国主要城市都已经出台了人工智能相关扶持政策，结合本地基础打造人工智能重点园区，并提供针对性的资金保障。

北京聚集龙头企业、顶尖人才、资本等要素，在核心算法、理论以及无人驾驶等新兴应用方面快速发力，各项产业要素均领跑全国。已经发布《北京市加快科技创新培育人工智能产业的指导意见》《中关村国家自主创新示范区人工智能产业培育行动计划（2017—2020年）》，并在国内率先发布自动驾驶路测条例。

上海发挥科研人才优势，重点推进脑科学、机器学习等关键技术的研发，并利用智能制造、交通物流等广泛应用场景，实现技术和应用示范双重突破。已经发布《关于本市推动新一代人工智能发展的实施意见》、杨浦区《新一代人工智能产业政策与重点项目》《上海市人工智能创新发展专项支持实施细则》。

杭州依托阿里巴巴、海康威视等企业的产业优势，以"城市大脑"应用为突破口，并通过人工智能产业园和人工智能小镇构建产业生态。已经发布《浙江省新一代人工智能发展规划》《杭州市科技创新"十三五"规划》。

深圳凭借完善的产业链配套，重点打造了深圳湾"人工智能产业链专业园区"。已经发布《深圳市科技创新"十三五"规划》，聚焦人工智能产业的孵化和培育，将包含人工智能在内的新一代信息技术、智能制造作为重点关注领域。

合肥发挥中国科技大学、科大讯飞等科研和技术优势，拥有中国声谷核心技术园区，以“技术驱动+应用引领”推动产业发展。已经发布《安徽省人工智能产业发展规划（2017—2025年）》《中国（合肥）智能语音及人工智能产业基地（中国声谷）发展规划（2018—2025）》《安徽省人民政府关于支持中国声谷建设的若干政策》。

广州依靠人才和龙头企业，建设3000亩南沙人工智能产业园区、南沙国际人工智能产业高级研究院、荔湾区人工智能研发和孵化服务生态圈。已经发布《荔湾区新一代人工智能产业发展意见》《广州南沙人工智能产业发展三年行动计划（2018—2020年）》。

重庆市科委启动人工智能专项，在2017—2020年推进三个“十百千”举措，加快基于人工智能的新型人机交互、计算机深度学习等应用技术研发和产业化。重庆市经济和信息化委员会率先在国内成立人工智能处，科学技术委员会启动人工智能专项。

苏州依托工业园，由苏州工业园率先推出人工智能产业发展行动计划（2017—2020），提出培育百亿级龙头企业。已经发布《苏州工业园区人工智能产业发展行动计划（2017—2020）》。

武汉东湖高新区出台全国首个区域性促进人工智能产业发展的政策及规划，设立人工智能产业发展专项资金，引导、扶持和推动产业发展。已经发布《东湖高新区人工智能产业规划》《武汉东湖新技术开发区管委会关于促进人工智能产业发展的若干政策》。

南京依靠在算法的基础研究、关键设备制造方面的优势，协同产学研用资源推进产业发展。已经发布《南京市政府关于加快人工智能产业发展的实施意见》《人工智能产业发展行动计划（2017—2020）》《关于加快人工智能产业发展的扶持办法（20条政策）》。

成都聚焦制造、交通、医疗、社会治理等重点领域，打通人工智能政产学研用协同创新通道。已经发布《成都市人民政府办公厅关于推动新一代人工智能发展的实施意见》。

西安发挥高校和科研院所众多、军工实力雄厚的优势，重点发展以人工智能为代表的硬科技，建设人工智能特色小镇，实现产业集聚。已经制定《西安市人工智能产业发展规划（2018—2021年）》。

天津加速优化产业环境，强化科技力量引入，人工智能蓄势待发。已经发布《天津市加快推进智能科技产业发展总体行动计划》《天津市人工智能科技创新专项行动计划》。

厦门利用软件基础、市场需求、用户数据等优势，成立全国首家人工智能工程应用研究院，并建设人工智能超算中心服务人工智能相关企业。厦门市发展改革委已经组织实施人工智能创新发展重大工程。

沈阳依托机器人基础，规划建设人工智能“创新特区”。已经发布《沈阳市智慧产业发展规划（2016—2020年）》《沈阳市人民政府关于沈阳市加强重点产业集群规划建设的指导意见》。

四、我国重点地区人工智能产业创新实践

从我国目前具备人工智能产业基础的城市来看，以北京、上海、深圳等为代表的重点地区已经开始抢先发展，各类人工智能创新企业不断涌现，企业竞争力也在逐步提升。

（一）北京：高端产业要素聚集，产业生态体系日趋完善

北京人工智能相关企业和科研资源集聚，基本形成产业高端价值链发展格局。2017 年北京人工智能与智能硬件相关产业规模已突破 1500 亿元，正在快速构建具有全球影响力的产业生态体系。

核心关键技术取得创新突破。围绕深度学习和类脑计算技术、低功耗轻量级底层软硬件技术、高性能感知和高精度控制技术、低功耗广域物联技术等领域，涌现出一大批前沿技术创新企业和精英团队。目前北京地区已累计布局人工智能和智能硬件领域相关专利超过 2 万件，形成了专业领域自主知识产权的核心技术体系。

产业共性技术取得突破，产业的开放平台陆续搭建。百度已获批建设深度学习技术及应用国家工程实验室，滴滴成立机器学习研究院，360 成立人工智能实验室。在人工智能开放平台领域，百度发布了 AI

北京中关村产业园

（百度大脑 + 智能云）、Apollo 自动驾驶、DuerOS 对话式人工智能等开放平台，推出了飞桨深度学习开源平台，向行业公布了完整的 AI 生态开放战略；中科创达推出面向智能硬件开发的 TurboX 智能大脑平台；暴风影音推出了面向虚拟现实硬件综合解决方案、内容制作和大数据生态系统开放平台。腾讯北京众创空间、创新工场等一批创新创业孵化平台已全面开放。

资本要素聚集，“智能 +”获得资本市场的大量关注。百度、联想、京东、小米、京东方、紫光等一系列传统领军企业纷纷投入大量资源，加快人工智能布局。目前，北京地区有 60 余家上市公司布局人工智能和智能硬件产业。经初步统计，2016 年北京地区人工智能领域融资案例达 83 起，融资额超过 40 亿元，人工智能产业风险投资继续增长。

政策环境领先，保障产业持续健康发展。2016 年，工信部、北京市政府共同签署了《关于共同推进建设人工智能与智能硬件创业创新平台合作框架协议》。北京市还出台了《中关村促进智能硬件产业创新发展的若干支持政策》《关于促进中关村智能机器人产业创新发展的若干措施》《北京市自动驾驶车辆道路测试管理实施细则（试行）》等，推动人工智能新兴领域的发展。

北京市发放给百度的第一批自动驾驶测试牌照

（二）上海：发挥科研人才优势，实现技术和应用示范双重突破

上海科研机构众多、人才资源集聚、信息交流国际化以及市场意识敏锐，目前主要推进技术突破和应用示范，积极开展规划布局，抢占人工智能产业制高点。2015 年上海市科委已推动“以脑科学为基础的人工智能”项目，同时将人工智能作为上海“十三五”科技重点发展方向。2017 年 11 月，上海市政府办公厅印发《关于本市推动新一代人工智能发展的实施意见》，提出着力打造“张江—临港”人工智能创新承载区。

特定技术领域取得突破。重点推进脑科学、人工遗传算法、智能语音处理、模式识别、机器学习等关键技术的研发，加强人工智能技术测量评估标准和基准的制定。结合张江综合性国家科学中心建设布局，上海形成了在某些领域的领先优势。

政府推进人工智能应用试点示范。上海正在规划人工智能应用示范，面向经济应用和社会服务，使新的技术能够充分应用到工业生产和社会服务之中，从而将自上而下的政府战略导向与庞大的经济社会体系

上海张江高科技园

相结合。例如，加强人工智能在未来智慧金融服务、区域环境整治和河道治理、智慧交通等方面的试点应用，为政府精细化治理提供参考依据。

（三）广东：机器人集聚优势突出，技术红利和龙头优势释放

2017年广东省在《广东省战略性新兴产业发展“十三五”规划》中制定了新一代信息技术产业蓝图，其中人工智能被列入重点布局。2017年，广州市政府提出新兴产业“IAB”计划，并与众多人工智能企业签署战略合作协议，设立产业专项基金。

机器人集聚效应突出，人工智能应用落地。广东省拥有先发优势，作为人工智能最直接的应用产品的机器人在广东省的发展领先全国，深圳、广州、佛山、东莞等地已经培育了一批机器人整机、零部件以及系统集成的机器人制造企业。其中，广州主要以广州数控为引领，包括机器人控制器、伺服电机、机器人本体、系统集成等全产业链。深圳机器人智能化水平领先，组建了国内首个机器人产学研资机器人联盟。广东省企业创新能力较强，在机器人本体技术、机器人柔性系统生产线技术上已取得突破。同时，在与之密切相关的智能制造、智能汽车等领域，也已基本形成了从上游的元器件供应商和模块供应商，到后续的方案商和下游的代工厂一条比较完备的产业链。赛迪顾问公司相关数据显示，2016年广州市智能装备及机器人产业规模约490亿元，位居全国第二。

产业集聚初现，龙头企业实现引领。广东省拥有腾讯、华为、大疆等人工智能巨头，周边聚集了大量创新型的中小企业。赛迪顾问公司相关数据显示，2016年广东省人工智能创业公司数量占全国的26.8%。我

▶ 深圳南山科技园

国人工智能发展目前已形成以北京、上海、深圳、广州四个城市为第一梯队的战略格局，其中广东省占据两席。广东省人工智能生态已初步构成，具备较强的集聚力和带动力。

在技术和商业融合方面，人工智能要实现产业化发展必须借助商业和技术的融合。融合需要三大要素，一是技术驱动解决问题的痛点；二是设计商业模式，比如智能手机、智能硬件的大发展就是商业模式的创新；三是技术融合促进企业的崛起，形成细分领域和商业生态圈的协同效应。广东省在技术驱动解决痛点方面有巨大优势，特别是多年以来积淀的龙头企业、领先技术、企业家精神等，相比国内其他省市有先发的独特优势。

（四）江苏：依托区位和科教资源优势，外引企业实现借力发展

2016年江苏省启动“江苏脑计划”，成立“江苏类脑人工智能产业联盟”。其中南京作为东部地区重要的中心城市，区位优势突出，科教人才密集，为人工智能技术研发、产业发展提供了得天独厚的资源禀赋。

资源投入丰富，政策支持力度较大。江苏省投入大量财政资源，支持人工智能产业龙头项目引进、人才培训和重大基础设施建设等，鼓励和引导相关领域产品应用，推进生产、管理和营销模式更新。苏州工业园区发布了《人工智能产业发展行动计划（2017—2020）》，园区研发实力和应用转型已取得一定成果。以微软苏州工程院为代表的智能语音及机器学习企业，以西门子苏州研究院等为代表的工业物联网、智能机器

苏州工业园

人及自动化等应用研究企业处于行业领先水平，园区 2016 年已累积数以千计的发明专利和软件著作权。思必驰的语音识别、华兴致远的机器视觉技术已经达到国内领先水平。

应用示范领先，率先在本地制造业推广人工智能应用。江苏省注重培养本土人工智能相关企业的发展和当地传统制造业企业的转型，推进人工智能的应用，完成从“制造”到“智造”的产业转型升级，包括电子信息、机械装备、生物医药等优势产业。其中，苏州工业园区已聚集相关企业 600 余家，2016 年实现产值 350 亿元。

招引外部企业力度大，筑巢引凤取得成效。2016 年南京市启动“地平线”人工智能研发中心项目，从事相关软件及算法创新开发、深度学习的芯片研发，包括汽车自动智能驾驶解决方案，语音识别与理解，云计算、大数据以及深度神经网络等。2016 年旷视（Face++）与南京市经济技术开发区签署了战略合作协议，双方将在三年内共同出资 10 亿元共建包括国内最大的人工智能研究院在内的系列项目。

（五）贵州：大胆探索和先行先试，依托大数据基础发力人工智能

贵州省大胆探索和先行先试，优化顶层设计，依托大数据基础，再次发力人工智能。《贵州省“十三五”科技创新发展规划》明确提出，要发展人工智能，重点着力突破大数据核心关键技术，开展人工智能基础数据资源平台关键技术研发。贵阳综合保税区大数据综合试验区成立“人工智能产业创新示范基地”，已与小 i 机器人等重点企业项目达成战略合作。大数据作为人工智能的燃料，将促进人工智能技术的革新，人工智能也将在数据分析、数据挖掘、深度学习等方面发挥重要作用。贵阳市将紧密依托大数据基础，大力发展人工智能产业，并将积极推广城

▶ 2018 中国国际大数据产业博览会在贵阳召开

市管理、社会治理、教育科研、医疗健康、智能金融、高端制造业等重点应用领域试点示范。

（六）四川：依托软件优势，重点支持数据资源共性平台

四川省以创建国家大数据综合试验区为契机，支持数据资源共性平台和人工智能产业协同发展。通过引进和培育龙头企业和知名品牌，四川省培育壮大本地人工智能企业竞争力，打造大数据信息资源集散地、关键技术创新地和特色应用示范地。以成都为核心，围绕软件优势，在语音识别、智能监控、生物特征识别、软件开发、智能终端制造等人工智能基础领域发展较好，已形成一定规模的人工智能企业集群，相关企业达 110 余家。但目前四川省人工智能项目大多处于研发试验阶段，尚缺乏成熟的产品和应用案例。

成都高新区软件园

（七）辽宁：科研资源丰富，以新松为龙头引领机器人飞跃式发展

作为人工智能普及率最高的产品，机器人在辽宁省取得飞跃式发展。辽宁整体上以沈阳自动化研究所和新松机器人公司为代表推动产业快速发展，产品应用覆盖弧焊、点焊、搬运、装配、码垛、研磨抛光和自动导引车等。

机器人科研资源丰富。辽宁省拥有国家级机器人研究机构——中国科学院沈阳自动化研究所，以及东北大学、大连理工大学、沈阳工业大学等高校科研力量，在工业机器人、特种机器人和服务机器人领域已拥有专利成果超百项。

以三大产业基地为支点布局全省机器人产业。以三大产业基地，即沈阳机器人产业园、沈抚新城机器人产业基地、大连金州新区国家智能装备产业示范基地为支点，辽宁省围绕产业链要素，带动相关资源整合，积极发展壮大机器人产业，机器人产业已成为实现《中国制造2025辽宁行动纲要》目标的重要一步。

以沈阳为核心，新松机器人为龙头。2016年沈阳市机器人产业收入超52亿元，工业机器人产业规模居全国首位。领军企业沈阳新松机器人自动化股份有限公司入选2016全球最具影响力50家机器人公司，代表着国内机器人研发的最高水平。

五、我国人工智能投融资分析

截至2018年6月，中国人工智能领域共有56个项目获得投资，同比增长-3.4%；获投总金额为318亿元，同比增长140.6%。（见图3-7）

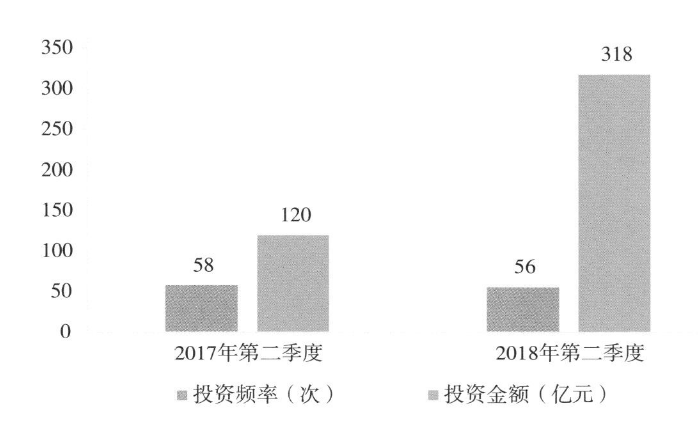

图3-7　2018年第二季度人工智能行业投资分析

数据来源：赛迪顾问《2018年二季度中国人工智能行业投融资研究》（2018年7月）。

2018 年第二季度的融资数据中，商汤科技以 8.2 亿美元的融资额排在榜首。前 10 名投融资集中计算机视觉和智能驾驶领域，表明领军企业正在形成。（见表 3–4）

表 3–4 2018 年第二季度人工智能企业前 10 名投融资案例

企业名称	融资轮次	融资金额	所属领域
商汤科技	C 轮	6 亿美元	计算机视觉
商汤科技	C+ 轮	6.2 亿美元	计算机视觉
优必选科技	C+ 轮	8.2 亿美元	机器人
奇点汽车	C 轮	30 亿元	智能驾驶
寒武纪科技	B 轮	数亿美元	智能芯片
奥比中光	D 轮	超 2 亿美元	智能安防
依图科技	C+ 轮	2 亿美元	计算机视觉
华云数据	F 轮	15 亿元	智慧金融
盒子鱼英语	C 轮	数亿美元	智能教育
Neuron 新能源汽车	天使轮	6 亿元	智能驾驶

数据来源：赛迪顾问《2018 年二季度中国人工智能行业投融资研究》（2018 年 7 月）。

2018 年第二季度 5 月投资最为密集，5 月投资额达到峰值。2018 年 5 月份的代表性投融资事件有：商汤科技 C+ 轮融资、优必选科技 C 轮融资、奥比中光 D 轮投资等。（见图 3–8）

北京持续保持领先优势。在区位格局中，与 2017 年第二季度相比，北京持续保持领先优势，集中最多的企业、资金，表明北京对人工智能企业的吸引力。深圳、上海为第二梯队，与 2017 年第二季度相比，深圳的投资金额大幅上升，增长速度最快；深圳、上海企业的投资频次继续保持在较高水平；杭州地区投资频次虽然较高，但是投资

金额较少。（见图 3–9）

2018 年第二季度，从投资金额看，主要集中在计算机视觉、机器人、智能驾驶领域；从投资频次看，相对于智能驾驶、机器人领域，计

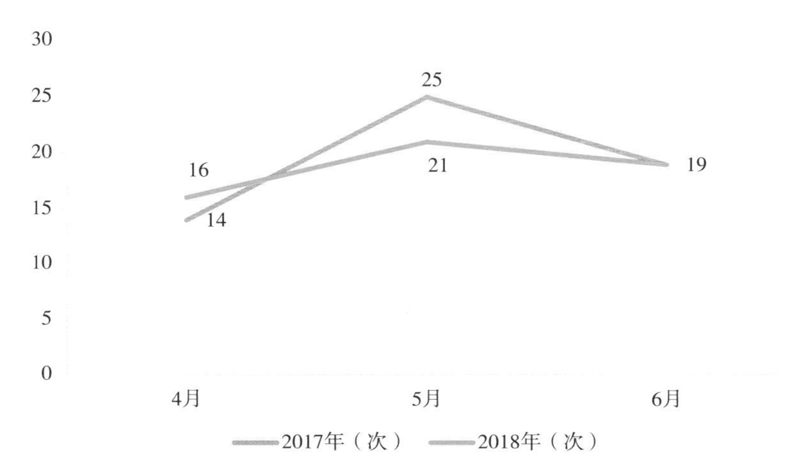

图 3–8（a）　2018 年第二季度与 2017 年第二季度人工智能投资频次月度对比

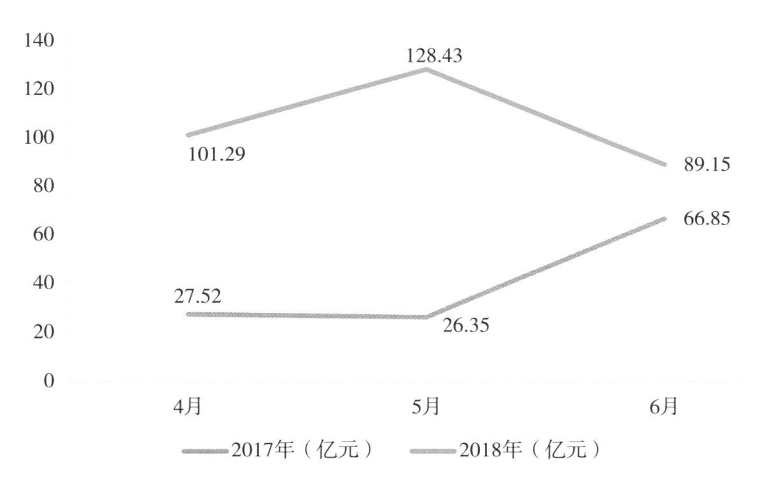

图 3–8（b）　2018 年第二季度与 2017 年第二季度人工智能投资金额月度对比

数据来源：赛迪顾问《2018 年二季度中国人工智能行业投融资研究》（2018 年 7 月）。

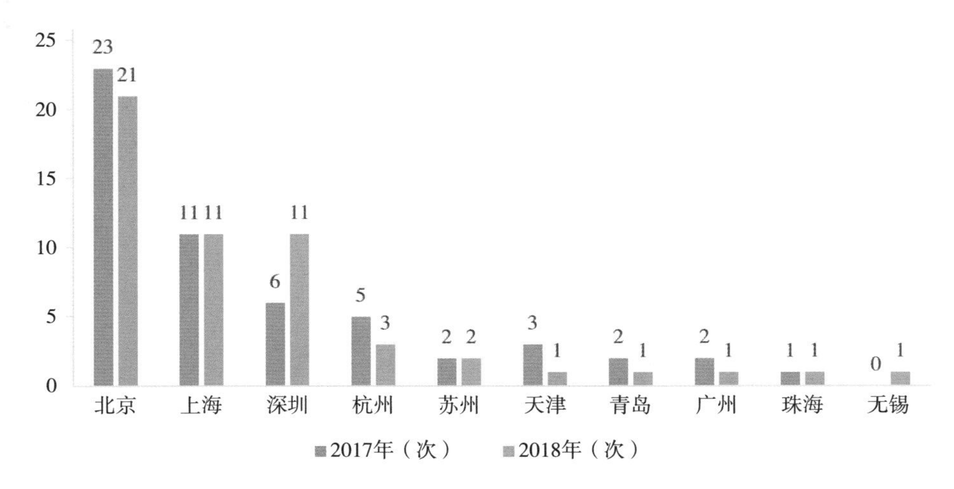

图 3-9（a） 2018 年第二季度与 2017 年第二季度人工智能各区位投资频次对比

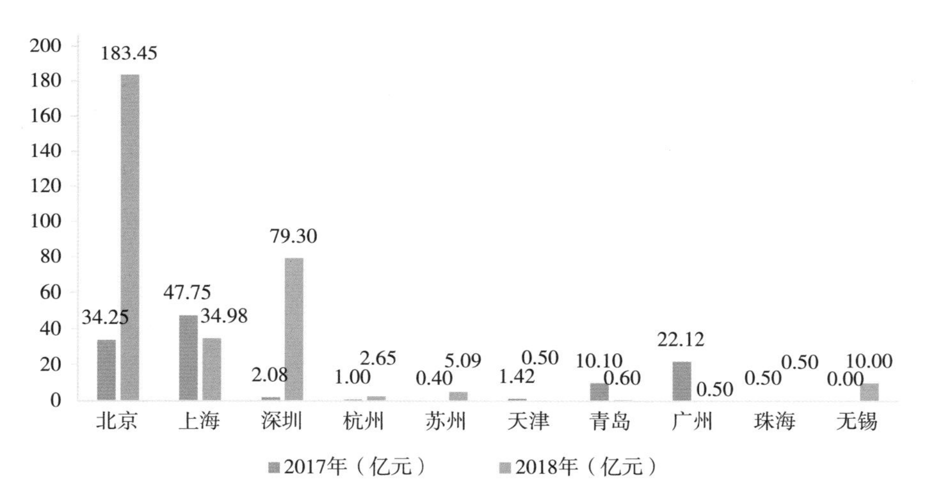

图 3-9（b） 2018 年第二季度与 2017 年第二季度人工智能各区位投资金额对比

数据来源：赛迪顾问《2018 年二季度中国人工智能行业投融资研究》（2018 年 7 月）。

算机视觉投资频次较低，表明单笔投资金额较大，主要集中在头部公司（商汤科技）。与 2017 年第二季度相比，从投资金额看，智慧医疗、智能芯片、机器人、计算机视觉领域均有大幅增长。（见图 3-10）

与 2017 年第二季度相比，2018 年第二季度 Pre-A/A 轮 /A+ 轮以及

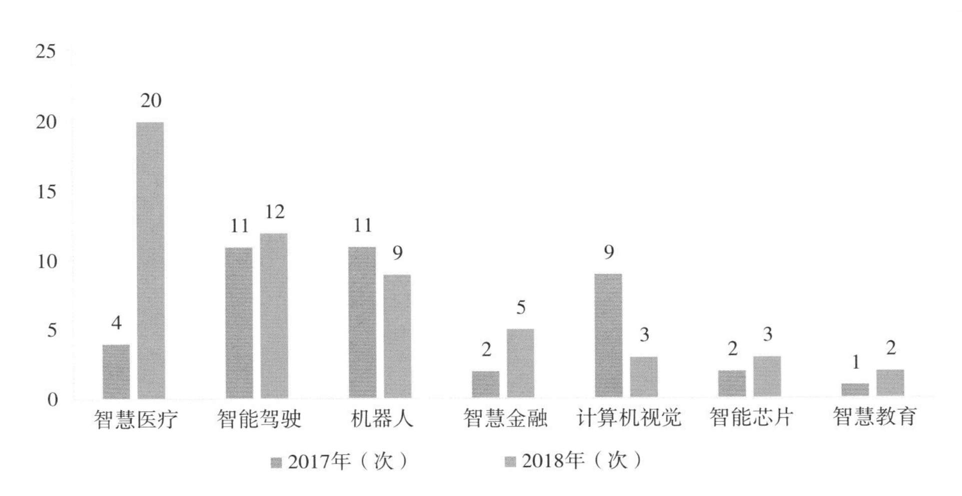

图 3-10（a） 2018 年第二季度与 2017 年第二季度人工智能热门赛道投资频次对比

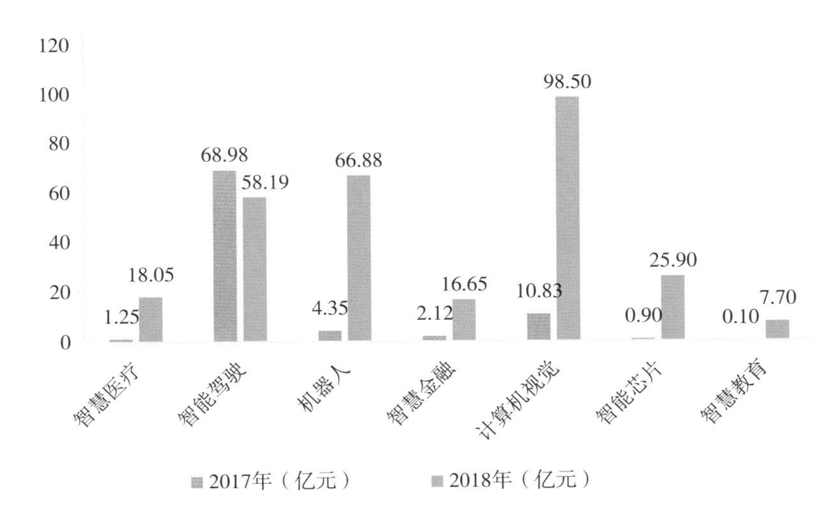

图 3-10（b） 2018 年第二季度与 2017 年第二季度人工智能热门赛道投资金额对比

数据来源：赛迪顾问《2018 年二季度中国人工智能行业投融资研究》（2018 年 7 月）。

天使轮投资频次占比有所下降（由 75.86% 降至 48.21%），表明 2018 年第二季度相较于 2017 年 Q2 更加偏向成熟企业；投资机构更愿意将大笔资金投入未来预期更加明确的项目，B 轮、C 轮虽然获投企业数量不多，但投资额很大，获投资金占比超 80%，同比 2017 年第二季度大幅增长；2018 年第二季度的投资结构偏向更加成熟企业。（见图 3-11）

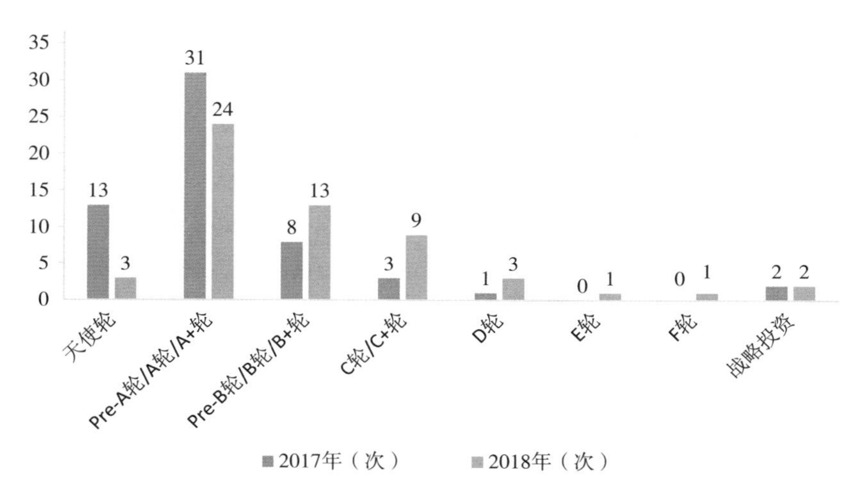

图 3-11（a） 2018 年第二季度与 2017 年第二季度人工智能各轮次投资频次对比

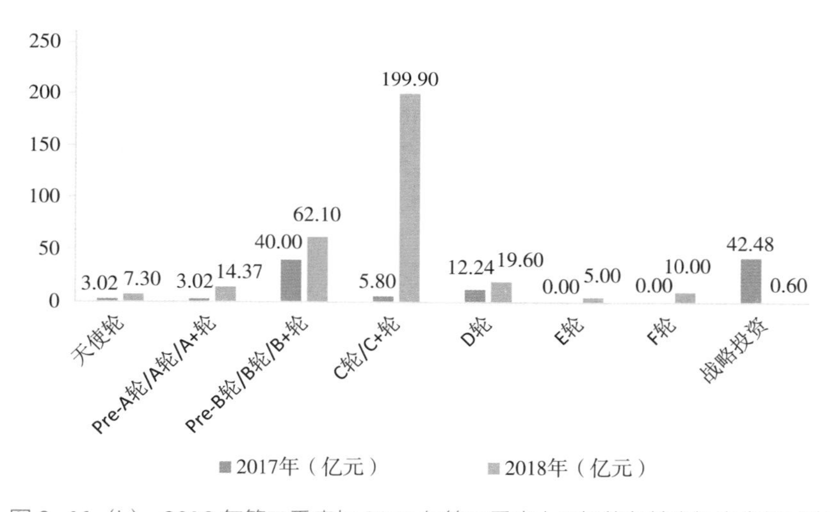

图 3-11（b） 2018 年第二季度与 2017 年第二季度人工智能各轮次投资金额对比

数据来源：赛迪顾问《2018 年二季度中国人工智能行业投融资研究》（2018 年 7 月）。

第四章

人工智能推动建设现代化经济体系

人工智能助力经济增长

人工智能 + 制造业

人工智能 + 农业

人工智能 + 金融

人工智能 + 物流

人工智能开放平台

近年来数字经济蓬勃发展，以大数据、云计算、人工智能为代表的新一代信息技术对数字经济的发展起到了重要的推动作用。其中由数据、算力、算法“三位一体”共同驱动的人工智能作为当前数字技术发展的最前沿，有望为数字经济的发展带来新的技术红利。人工智能将有力驱动新一轮工业革命和信息革命，引领科技、经济和社会的巨大变革，开启数字经济新时代，肩负起促进经济增长、推动社会进步的时代重任。

一、人工智能助力经济增长

（一）人工智能助力新一轮国际竞争

人工智能是引领未来的战略性技术，世界主要发达国家都把发展人工智能作为提升国家竞争力、维护国家安全的重大战略之一，积极推动人工智能及相关前沿技术的研究，加紧出台规划和政策，围绕核心技术、顶尖人才、标准规范等强化部署，深入发掘人工智能的应用场景，引导人工智能在经济和社会发展方面发挥积极作用，力图在新一轮国际科技竞争中掌握主导权。2017 年 7 月，国务院发布《新一代人工智能发展规划》，标志着人工智能上升到我国国家发展战略层面。

（二）人工智能有望成为新的生产要素

基于传统的经济学理论，资本和劳动力是推动经济增长的两大生产要素，而源于创新和技术进步的经济增长则反映在全要素生产率（TFP）上。据埃森哲咨询公司研究，人工智能不仅能够提高全要素生产率，更可能成为一种全新的生产要素。通过分析和建模（见图 4-1），埃森哲咨询公司假设了三种情境：第一种情境是假设并不存在人工智能效应；第二种是将人工智能作为全要素生产率的增强因素，其对中国经济增长的作用十分有限；第三种是将人工智能作为一项新的生产要素，其将为中国经济带来巨大的增长机遇。（见图 4-2）

图 4-1 人工智能作为新的生产要素模型

资料来源：马克·珀斯、邱静、陈笑冰、埃森哲《人工智能助力中国经济增长》（《机器人产业》2017 年第 4 期）。

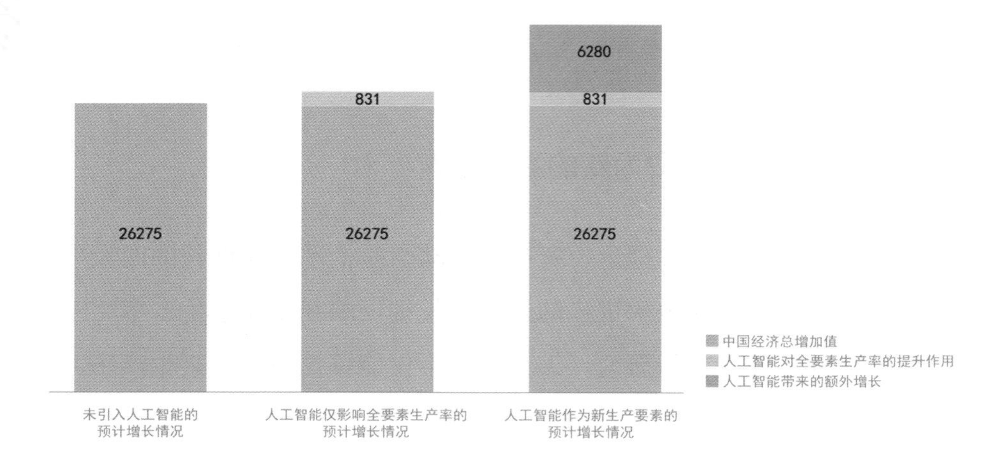

图 4-2 中国经济增长的三种情境模拟

资料来源：马克·珀斯、邱静、陈笑冰、埃森哲《人工智能助力中国经济增长》（《机器人产业》2017 年第 4 期）。

（三）人工智能成为经济发展的新引擎

人工智能作为新一轮产业变革的核心驱动力，将进一步释放历次科技革命和产业变革积蓄的巨大能量，并创造新的强大引擎，重构生产、分配、交换、消费等经济活动各环节，形成从宏观到微观各领域的智能化新需求，催生新产品、新产业、新业态、新模式，推动经济结构重大变革，深刻改变人类生产生活方式和思维模式，实现社会生产力的整体跃升。人工智能对经济发展的助推作用主要表现在三方面：一是推动产业变革。人工智能的普及能带动产业结构的升级换代，推动更多相关行业的创新，开拓生产、服务等行业经济增长的新空间。二是提升劳动生产率。人工智能的普及将会使很多重复性的工作被取代，帮助企业及其工作人员更有效地利用时间去做更具有价值的事情，并大幅提升现有劳动生产率。根据埃森哲咨询公司的预测，到 2035 年，人工智能有潜力将中国的劳动生产率提升 27%。三是促进国民经济增长。根据埃森哲咨询公司的研究，到 2035 年，人工智能将使中国的预期经济增长率提升 1.6 个百分点。这意味着，人工智能将为该年的国民经济总增加值额外贡献 7.1 万亿美元。（见图 4-3）

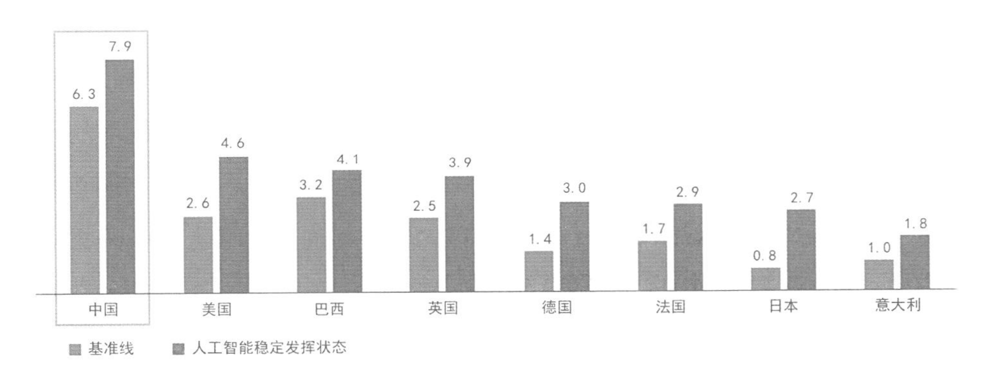

图 4-3　人工智能对中国经济的影响

资料来源：马克·珀斯、邱静、陈笑冰、埃森哲《人工智能助力中国经济增长》（《机器人产业》2017 年第 4 期）。

二、人工智能 + 制造业

制造业是国民经济的主体，是立国之本、兴国之器、强国之基。当前，新一代信息技术与制造业深度融合，正在引发影响深远的产业变革，形成新的生产方式、产业形态、商业模式和经济增长点。尤其是，人工智能在制造业的融合应用日趋广泛，基于人工智能技术的智能制造发展迅速，已成为推动我国制造业转型升级的重要方向。加快发展智能制造，对于推动我国制造业供给侧结构性改革，打造我国制造业竞争新优势，实现制造强国具有重要战略意义。

（一）人工智能：制造业发展的新机遇

经过几十年的快速发展，我国制造业规模跃居世界第一位，建成了门类齐全、独立完整的产业体系，已具备建设工业强国的基础和条件，有力推动了我国工业化和现代化进程，成为支撑我国经济社会发展的重要基石。但与世界先进国家相比，我国制造业大而不强，在自主创新能力、产品结构水平、资源能源利用效率、质量效益、国际化程度等方面还存在明显差距。随着我国经济发展进入新常态，经济增速换挡、结构调整阵痛、增长动能转换等相互交织，长期以来主要依靠资源要素投入、规模扩张的粗放型发展模式已难以为继。

从国际上看，全球产业竞争格局正在发生重大调整，发达国家为重塑制造业竞争优势而纷纷实施“再工业化”战略，一些发展中国家也在加快谋划和布局，积极参与全球产业再分工。我国制造业面临发达国家和其他发展中国家“双向挤压”的严峻挑战，制造业转型升级和跨越发展的任务紧迫而艰巨。

与此同时，全球新一轮科技革命和产业变革加紧孕育兴起，与我国制造业转型升级形成历史性交汇。随着以人工智能为代表的新一轮信息技术和制造业的深度融合，我国智能制造发展取得明显成效：以工业机器人、智能仪器仪表为代表的关键技术装备取得积极进展；智能制造装备和先进工艺在重点行业不断普及，离散型行业制造装备的数字化、网络化、智能化步伐加快，流程型行业过程控制和制造执行系统全面普及，关键工艺流程数控化率大大提高；逐步形成了一批可复制推广的智能制造新模式。这都为推动我国制造业转型升级和创新发展提供了难得的战略性机遇，有助于加快实现中国制造向中国智造的转变，完成中国制造由大变强的战略任务。

（二）人工智能加速向制造业多个环节广泛渗透

伴随着语音识别、计算机视觉感知、文本分析和翻译、人机交互等人工智能技术的快速发展，人工智能加速向制造业的设计、生产、物流、销售、市场和服务等多个环节广泛渗透，使得高效生产和柔性生产成为可能。

研发设计环节。在产品研发设计环节，人工智能可基于海量数据建立数据模型，模拟产品研发设计过程，从而减少人力、物力、时间等投入，降低研发设计成本。尤其在研发周期长、投入高、成功不确定性高的医药、化工等领域，应用效果尤为突出。以医药研发为例，人工智能可广泛应用于药物分子挖掘、生物标志物筛选、新型组合疗法研究、新药有效性/安全性预测等环节。例如，英国伦敦的一家初创企业BenevolentAI，利用JACS（Judgment Augmented Cognition System，判断加强认知系统）核心技术平台，把人、技术和生物学结合起来，通过模拟大脑皮层中的识别和学习方式，在杂乱无章的海量信息源中提取有效信息，提出新的可被验证的假设，加速药物研发的进程。自2013年成立以来，BenevolentAI已经开发出数十个候选药物，且已有药物进入临床Ⅱb期试验阶段。

生产制造环节。将人工智能技术嵌入生产制造环节，可以使机器在更复杂的环境中实现智能化、柔性化生产。目前，人工智能技术主要应用于柔性生产、工艺优化和质量管控等领域。基于消费者个性化需求数据，人工智能可提升生产制造系统的柔性化水平，更好更快地满足市场个性化、多样性需求；通过机器学习建立产品生产模型，可以自主设定最佳生产工艺流程及参数，并能自主开展故障诊断及排除；利用机器视觉检测系统，可以逐一检测多种材质产品的缺陷，并指导生产线对不合格产品进行分拣，有效提高出厂产品合格率。例如，海尔 COSMOPlat 平台集成了多种智能技术，可以为企业提供用户参与企业全流程大规模定制的智能化服务。通过该平台，用户可以通过 HOPE、众创汇等在线交互设计平台，自主定义所需产品的形状、材质等各类参数。平台整合用户需求并达到一定规模后自动生成订单，同时在线开展虚拟设计，将相关信息传送至工厂及模块商，实现自动模块装配和柔性装配，并可全流程追溯和可视化制造过程信息数据。再如，ABB 和 IBM 开展合作，依托 Watson 认知计算系统，通过实时产品图像帮助用户识别不合格产品，这些图像由 ABB 系统捕获后通过 IBM Watson 制造业物联网（IoT for Manufacturing）进行分析，可有效提高生产线产量，并提升生产精确性和产品一致性。

供应管理环节。在供应管理环节，基于历史供需数据和现实约束条件，运用人工智能可使需求预测更加精准，动态调整库存水平和生产计划，实现采购和补货的全自动化，提供更加优化的产品运输路线和计划，提高供应链管理水平，降低生产成本。例如，美国 C.H.Robinson 公司，依托 TMS（供承运商使用）和 Navisphere（供货主使用）两大核心信息系统，为承运商和货主提供可视、可控、实时和智能的信息及服务。货主通过 Navisphere 提交价格、车型、时限、货物等需求信息，Navisphere 将利用机器学习自动匹配性价比最高的几种方案供其选择；通过与 TMS 的无缝对接，承运商可迅速获取货主的真实需求，并将订单需求转化为更加高效优化的运输计划。同时，系统可实现运输过程的全程可视化，允许用户根据多种组合条件进行查询，提供包括成本分析、财务分析、运输网络分析等在内的可定制化图表，帮助用户优化供应链管理。系统还可根据用户设定，对已发生事件和预测事件进行警报。

营销售后环节。在营销环节，基于年龄、教育程度、消费习惯、社交特征等海量用户数据，运用人工智能挖掘和优化数据，可以更好地洞察客户和潜在客户，对客户需求进行精准预测，并针对特定客户群体提出个性化、更具创意的营销策划方案。基于智能语音识别及分析技术，24 小时机器人在线客服可以随时响应客户的相关资讯和需求。例如，IBM 推出了基于 Watson 的认知营销服务，Watson 认知计算系统具备理解、推理和学习能力，能够为营销提供更多创造力，帮助用户实现独一无二的高度精准数字营销。丰田的广告代理机构盛世长城，在承担丰田荣放汽车的创意营销活动中，向 Watson 提供了一份“世界上最受欢迎的 1000 项活动”的名单，要求 Watson 将匹配度最低的活动进行两两配对，并与丰田荣放汽车产生关联，且输出拍摄脚本。随后，盛世长城在这些配对基础上创造了 300 个视频，并向 Facebook 和 Instagram 的用户精准投放其感兴趣且与其高度相关的个性化视频，使得营销更富有创意、更加精准。

案　例

Apollo 开放平台，让复杂的自动驾驶更简单

2017 年 7 月 5 日，百度在首届 AI 开发者大会上正式推出了 Apollo（阿波罗）开放平台，这是全球范围内自动驾驶技术的第一次系统级开放。Apollo 开放平台全方位构建了能够实际运行的

自动驾驶系统，并通过开放代码、开放能力和开放数据三种形式，逐步赋能开发者及生态合作伙伴，促进生态中的企业间实现技术、数据共享和商业共赢，从而有效加速创新和商业化进程，提升整个智能驾驶和无人驾驶汽车工业的推进速度和创新广度。

● 百度开放 Apollo 自动驾驶平台，构建产业新生态

在自动驾驶领域，百度已有丰厚的技术积累。截至 2017 年底，百度自动驾驶技术相关专利申请数量达到 800 余项。百度拥有全球领先的环境感知、行为预测、规划控制、操作系统、智能互联、车载硬件、人机交互、高精定位、高精地图和系统安全等十项技术，全球最佳交通场景车辆识别技术；高精度地图和定位技术精度达到厘米级；自主研发了全球领先的车载计算系统。Apollo 平台完整的技术架构包括云端服务平台、软件平台、参考硬件平台、参考车辆平台四大部分。（见图 4-4）

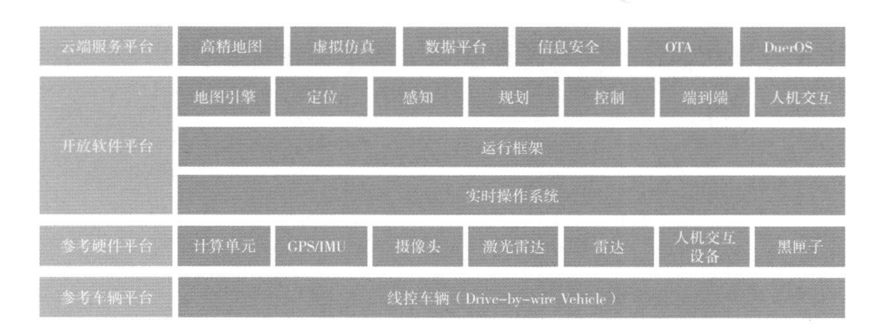

图 4-4　百度 Apollo 自动驾驶平台技术架构

云端服务平台，为合作伙伴提供高精度地图服务、仿真引擎、安全服务、DuerOS 对话式人工智能系统等服务。如仿真引

擎方面，百度拥有大量的实际路况及无人驾驶场景数据，基于大规模云端计算容量，可打造日行百万公里的虚拟运行能力。通过开放的仿真服务，Apollo 的合作伙伴可以接入海量的无人驾驶场景，快速完成测试、验证和模型优化等一系列工作，覆盖全面且安全高效。

软件平台，包括自定位、感知、车辆规划控制、底层运行框架等 10 个部分。以自定位模块为例，百度依托业界领先的高精地图与传感器的能力融合，为每辆车提供低成本、全天候的精准定位能力，让每辆汽车都能精准地获知自己身在何处，从而作出相应的决策控制。

参考硬件平台和参考车辆平台，支持 CPU、GPU、FPGA 等多种计算硬件，GPS、摄像头、激光雷达等多种传感器，可以帮助合作伙伴快速组建自己的自动驾驶汽车。

从 2017 年到 2019 年，Apollo 平台先后发布六大版本、四大场景技术能力，从 1.0 的封闭场地循迹，到 3.5 的复杂城市道路自动驾驶，最终将在 2020 年之前实现高速和城市道路全路网自动驾驶。（见图 4-5）

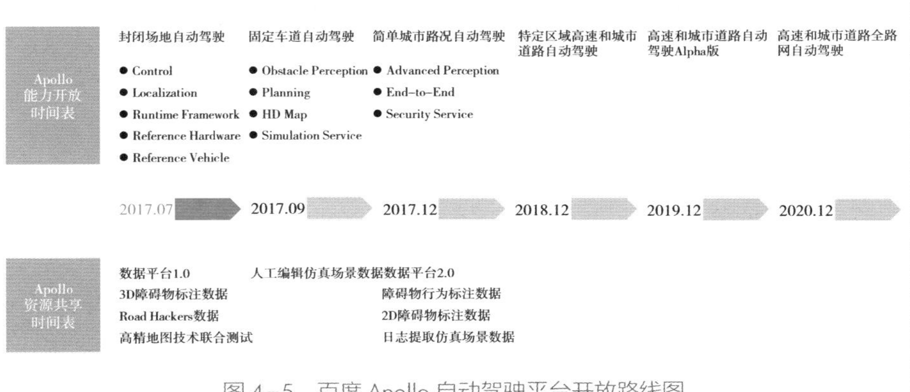

图 4-5　百度 Apollo 自动驾驶平台开放路线图

● Apollo3.0 开启自动驾驶量产新时代

在 2018 年 7 月的第二届百度 AI 开发者大会上，Apollo 3.0 正式发布。平台上的开发者已遍布五大洲，合作伙伴超过 130 家，并达成超过 90 个产品研发合作，Apollo 平台已成为目前全球涵盖产业最为丰富、最为全面的自动驾驶生态。

基于 Apollo 平台推出的多种车型

Apollo 3.0 标志着自动驾驶汽车真正跨越从示范到量产的鸿沟，开启了自动驾驶量产新时代。为了满足更多开发者的需求，Apollo 3.0 在架构、能力、平台、方案上进行了全方位更新。如，硬件参考平台升级为硬件开发平台，首次发布了 Apollo 传感器单元，可以使多种产品在 Apollo 平台上即插即用，平台还新接入了Velodyne、Navigation等15家硬件合作伙伴，加速技术创新。

Apollo 3.0发布的量产解决方案，将加速自动驾驶汽车的商业化落地。面向量产，Apollo发布了自主泊车（Valet Parking）、无人作业小车（MicroCar）、自动接驳巴士（MiniBus）三套自动驾驶解决方案，帮助开发者及合作伙伴3个月内即可打造出属于自己的"阿波龙"。Apollo还发布了量产车联网系统解决方案小度车载OS，最快只需30天就可以将传统汽车变为智能汽车。（见表4-1）

表4-1 Apollo量产的典型案例

方案	合作方	典型产品	进展
自动接驳巴士（MiniBus）自动驾驶解决方案	金龙客车	L4级自动驾驶巴士"阿波龙"	第100台"阿波龙"正式量产下线，并以全项通过的"满分成绩"获得国家客车质检中心颁发的车辆安全测试报告
无人作业小车（MicroCar）自动驾驶解决方案	新石器	L4级量产无人驾驶物流车"新石器AX1"	将在雄安、常州两地实地运营
	北京环卫集团	量产级别的中小型扫地车	计划2019年实现从生产到运营的全产业链打通
	智行者科技	微型扫地车和微型物流车	实现规模化量产
自主泊车（Valet Parking）自动驾驶解决方案	盼达用车	盼达自动驾驶共享汽车	已实现国内首次自动驾驶共享汽车示范运营，并联合现代汽车展开定点接驳的落地应用
小度车载OS量产车联网系统解决方案	福特、北京现代、东风悦达起亚、奇瑞、拜腾、东风小康等	液晶仪表盘组件、流媒体后视镜组件、大屏智能车机组件、小度车载机器人组件	已达成量产合作计划

Apollo 3.0 更加强调自动驾驶的安全，引领行业安全标准落地和技术升级。百度视安全为自动驾驶发展的“第一天条”，Apollo 平台新增代码的很大一部分都是为了进一步确保更强的安全性。2018 年百度联合多家权威机构发布了中国市场的自动驾驶安全报告《阿波罗安全报告》（*Apollo Pilot Safety Report 2018*）。目前百度已获得汽车界必备的 ISO26262 流程认证，成为中国首个拿下该认证的互联网企业。

● Apollo 平台助力我国汽车产业迈向世界前沿

在自动驾驶发展路径上，主要有封闭系统和开放平台两种模式。封闭系统是以自研、技术采购或收购等方式开展研发，产业推进慢，且创新扩散能力有限。而开放平台则能够实现技术、数据共享和商业共赢，加速创新和商业化进程，帮助中国汽车产业掌握智能化时代的自主核心技术，由汽车大国向汽车强国升级。

开放平台能大幅加速行业创新。在开放生态中，所有参与者每一天行驶的道路，每一天测试的场景，都会以数据化的形式汇聚在一起，推动算法的不断迭代优化，进而再把自动驾驶的能力共享给参与各方，形成一个多方参与、共享升级的良性循环，从而大大加快创新的速度。根据兰德咨询公司的报告，自动驾驶车辆需要积累 100 亿公里的测试里程才能达到可靠的运营能力。这对任何一个厂商都是很难企及的目标，因为即使有 100 辆车日夜不停地跑，也需要 225 年才能有这样的数据。而在百度开放的 Apollo 仿真引擎支持下，车辆可以实现日行百万公里的虚拟运行能力，形成一个快速迭代的闭环，大幅提高创新的效率。

开放平台将帮助自动驾驶更快实现产业价值。自动驾驶产业具有很高的产业价值。开放平台能够提供自动驾驶所需要的人工智能、大数据和高精地图等能力，开发者和生态合作伙伴借助平台，可以轻松打造自己的智能驾驶汽车，进而吸引更多的人才、资金、企业等进入此领域，加速商业化进程，共同促进自动驾驶产业的繁荣。如美国创业公司 AutonomouStuff 的一位工程师借助百度 Apollo 平台，仅花了 3 天时间，便将一辆林肯 MKZ 打造成一辆循迹自动驾驶汽车，而以往至少需要一支 50 人团队进行 6 个月以上研发才能实现。

三、人工智能 + 农业

农业是国民经济的基础，是经济社会发展中的头等大事。改革开放以来，我国始终高度重视“三农”发展，农业生产方式逐渐由粗放型向集约型转变，农业生产结构由过去的以第一产业为主逐步转向第一、二、三产业融合发展，农业发展水平大幅提高。但同时，也面临着诸如土地资源紧缺、农业产业化程度低、农产品质量安全形势严峻、农业生态环境遭到破坏等问题。如何在资源紧缺的同时稳步提高农业发展水平，实现农业可持续发展，成为我国经济社会发展中面临的重大命题。在这种局面下，大规模的创新和技术变革将是解决农业问题并推动农业走向现代化的有效途径。当前，如何通过人工智能技术提高生产力，已经成为农业领域的研究与应用热点。

2017年7月，国务院印发《新一代人工智能发展规划》，提出要研制农业智能传感与控制系统、智能化农业装备、农机田间作业自主系统等。建立完善的天空地一体化的智能农业信息遥感监测网络，建立典型农业大数据智能决策分析系统。要开展智能农场、智能化植物工厂、智能牧场、智能渔场、智能果园、农产品加工智能车间、农产品绿色智能供应链等集成应用示范。伴随着人工智能与农业深度跨界融合，农业正逐步迈向智能化新时代。

（一）技术加持下的智能农业

传统农业技术手段会造成水资源浪费、农药使用过度等问题，不仅成本高、效益低，产品质量得不到有效保障，还会造成土壤和环境污染。在人工智能技术的加持下，农民将能够实现精准播种、合理水肥灌溉，进而实现农业生产低耗高效、农产品优质高产。

提供科学指导。运用人工智能技术进行分析和评估，能给农民开展生产前准备工作作出科学指导，实现土壤成分及肥力分析、灌溉用水供求分析、种子品质鉴定等功能，对土壤、水源、种子等生产要素进行科学合理配置，有力保障后续农业生产工作的顺利开展。

提高生产效率。在农业产中阶段使用人工智能技术，能帮助农民更科学地种植农作物以及对农田进行更合理的管理，有效提高农作物产量及农业生产效率。推动农业生产向机械化、自动化、规范化转型，加速农业现代化进程。

实现农产品智能分拣。将机器视觉识别技术运用到农产品分选机械中，可对农产品外观品质进行自动识别检验及分级，其检验识别率远高于人类视觉，具有速度快、信息量大、功能多的特点，可一次完成多项指标检测。并且，技术运用范围极其广泛，小到对农作物种子进行分级和对谷粒的表面裂纹进行检测，大到可根据农产品的大小、形状、色泽和表面缺陷与损伤等进行分级。

（二）人工智能在农业领域的应用现状

当前，人工智能技术正在成为改变农业生产方式、推进农业供给侧改革的强劲动力，在多种农业场景得到广泛应用。例如，耕作、播种和采摘等智能机器人，土壤分析、种子分析、病虫害分析等智能识别系统，以及禽畜智能穿戴产品等。这些应用的广泛运用能有效提升农业产出及效率，同时减少农药和化肥的使用。

土壤成分及肥力分析。土壤成分及肥力分析是农业产前阶段最重要的工作之一，也是实现定量施肥、宜栽作物选择、经济效益分析等工作的重要前提。借助非侵入性的探地雷达成像技术对土壤进行探测，然后

IntelinAir 公司对土壤照片进行肥力分析

利用人工智能技术对土壤情况进行分析，可在土壤特征与宜栽作物品种间建立关联模型。例如，IntelinAir公司开发了一款无人机，通过类似核磁共振成像技术拍下土壤照片，通过智能分析，确定土壤肥力，精准判断适宜栽种的农作物。又如，土壤抽样分析服务商Solum开发的NoWaitNitrate系统能够即时获取土壤数据，并进行高效、精准的土壤抽样分析，帮助种植者在正确的时间和地点开展精准科学施肥。

灌溉用水供求分析。基于人工智能技术的智能灌溉控制系统，集专家系统技术、自动控制技术、通讯技术、传感器技术等高新技术于一体，可以实时监测土壤墒情，根据检测得到的气候指数和当地的水文气象观测数据，对灌溉用水供求量进行分析，选择最佳灌溉规划策略。该系统可帮助人们选择合适的水源对作物进行灌溉，保证作物用水量。该系统还具备周期灌溉、定时灌溉、自动灌溉等多种灌溉模式，用户可根据需要灵活选用，提高灌溉精准度和水资源的利用率。

种子品质鉴定。作为农业生产中最重要的生产资料之一，种子的质量直接关系到农作物产量和生产效益。利用图像分析技术以及神经网络等非破坏性的方法对作物种子的种类、纯度和安全性进行检测，能有效控制和提高农产品质量。在这方面，人工智能技术能帮助农民根据自己的需求选择合适的种子种类，并对不同季节不同质量等级的农作物品种进行准确分析和评估，对提高农产品产量和质量起到了很好的保障作用。

农业专家系统。农业专家系统则是一种拥有大量农业领域相当数量的专家级知识和经验，可以模拟农业专家的思维，解决农业领域问题的智能计算机程序系统。农业专家系统可以对农业生产领域进行数据分析，及时获得农业生产各阶段可能遇到的问题的解决方法。例如，美国Descartes Labs公司通过人工智能技术，分析大量与农业相关的卫星图像数据和农作物生长之间的关系，从而对农作物的产量作出精准预测。据测算，其预测玉米产量的准确率比传统预测方法高出 99%。

动植物健康监测。美国生物学家戴维·休斯和作物流行病学家马塞尔·萨拉斯研发了一款名为 Plant Village 的病虫害探测 APP，可检测出 14 种作物的 26 种疾病，识别准确率高达 99.35%。农户可在标准光线条件下对患有病虫害的农作物进行拍摄，并将照片上传至 APP，APP 会自动识别农作物所患的病虫害，并给出相应的预防或治疗方案。再如，Connecterra 是一家荷兰的农业科技公司，主要研发和生产用于奶牛身上的电子可穿戴设备。这些设备内置多个传感器，配套的分析软件则融入了机器学习技术，软硬件配合共同实时监测牲畜的健康情况。通过可穿戴感应器学习奶牛的行为模式，奶农还能更早注意到可能出现的问题，比如奶牛的跛足或者消化不良等情况，并获得建议。在这些信息的帮助下，Connecterra 客户农场的乳制品产量得到了 30% 的提升。

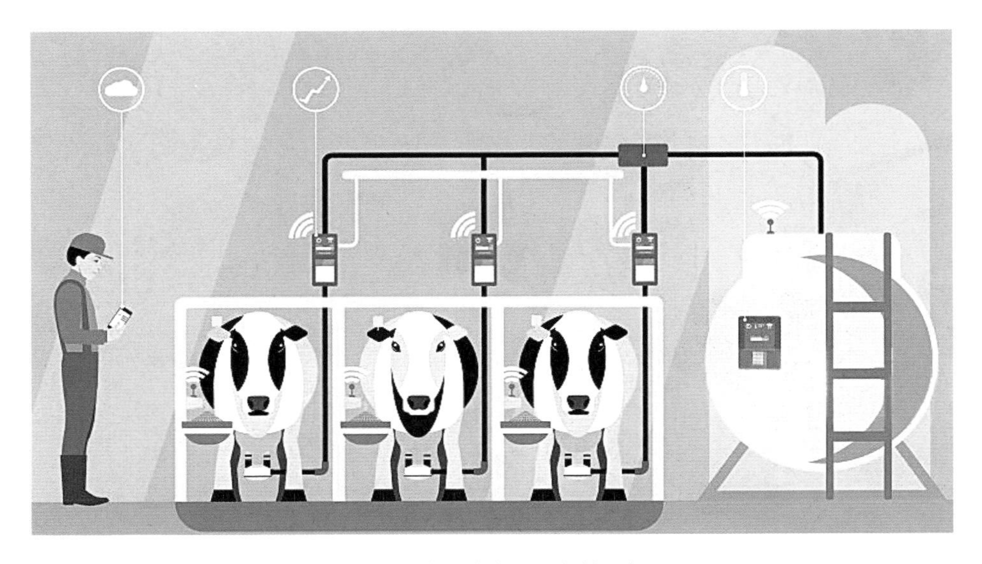

奶牛身上的电子可穿戴设备

播种、耕作、采收等智能机器人。人工智能技术广泛应用到农业生产中的播种、耕作、采摘等多种场景，极大地革新了农业生产方式，提高了生产效率。在播种环节，美国 David Dorhout 公司推出一款名为 Prospero 的智能播种机器人，其内置了土壤探测装置，在获取土壤信息的基础上通过算法得出最优化的播种密度，并自动播种。在耕作环节，采用神经网络和计算机视觉技术对田间杂草进行自动识别是农业产中阶段的重要应用方向。Blue River Technology 是一家利用人工智能技术来帮助农业发展的科技公司，其研发的农业智能机器人 Lettuce Bot，可以在耕作过程中把田间的植物图像拍摄下来，并在拍摄到的图像中对农作物和杂草进行区分，以及判断是否有长势不好或间距不合适的作物，从而精准地将除草剂喷洒在杂草上，并拔除长势不好或间距不合适的作物。据测算，该智能机器人可减少 90% 的农药化肥使用。在采收环节，采用人工智能技术开发的农作物采摘机器人，对瓜果类产品进行无损采

Aboundant Robotics 公司的苹果采摘机器人

摘作业，可提高采摘作业速度，极大节约人力和时间。美国 Aboundant Robotics 公司开发了一款苹果采摘机器人，其通过摄像装置获取果树的照片，采用双目立体视觉、图片识别等技术对果实进行定位并判断其成熟度，确定适合采摘的果实，然后运用机器人精准操控技术对果实进行无损采摘，采摘速度高达一秒一个。

杂草控制。依托出色的传感器技术和图像识别功能，Blue River Technology 公司开发了一款名为 See & Spray 的机器人，用以帮助控制棉花地的杂草。它依靠计算机视觉和机器学习判断面前的是作物还是杂草，即使目标只有邮票大小，它也能准确识别。一旦确定那不是作物，机器人会控制喷嘴对准喷洒，避免对棉花造成腐蚀。精准喷洒和喷雾喷嘴可以帮助防止杂草对除草剂产生抗药性，并且能减少高达 90% 的除草剂使用量。这不但提高了除草效率，帮助农民稳定收入，也因减少化学品的使用量，保护了作物和环境。

控制杂草的 See & Spray 机器人

智能温室系统。在西方发达国家智能温室系统已得到广泛深度应用。例如，目前荷兰约有 85% 的温室通过计算机进行环境调控，德国已把3S技术（地理信息系统GIS、全球定位系统GPS、遥感技术RS）成功运用到温室控制与管理中。通过在温室安装的各类传感器，可实时监测土壤水分、土壤湿度、空气湿度、空气温度、光照强度、植物养分含量等数据，并通过人工智能系统对这些采集的数据进行分析处理，模拟出最适合温室内农作物生长的环境，进而对供水系统、加热装置、加湿装置、除虫装置、卷帘装备、遮阴设备、施肥系统等进行远程自动化控制，从而改善温室内部农作物生长环境，达到调节生长周期、改善产品质量、降低生产成本、提高经济效益等目的。

四、人工智能+金融

人工智能技术的快速成熟与普及，为金融行业的服务创新带来了无穷想象力。越来越多的金融机构积极探索用人工智能技术推动金融服务创新，实现向科技型金融机构的全面转型。在此背景下，刷脸支付、智能投顾、智能客服、智能信贷与监控预警创新型金融服务应运而生。人工智能在金融领域的广泛运用，有力提升了金融服务机构的客户需求分析能力、数据挖掘分析能力、市场行情预测能力、风险管控能力等，为金融科技创新和普惠金融发展提供了全新动力。

（一）人工智能：金融科技发展的新动力

人工智能在金融领域有着广泛的应用前景，并将在投资决策、运行模式、服务方式、风险管理等各个方面带来变革性影响。德勤公司在其《银行业展望：银行业重塑》报告中指出，机器智能决策的应用将会加速发展。智能算法在预测市场和人类行为的过程中会越来越强，人工智能将会影响行业竞争，市场将变得更有效率。科尔尼管理咨询公司（A.T.Kearney）预计，人工智能投资顾问在未来3—5年将成为主流，年复合增长率将达68%，到2020年其管理资产规模有望达到2.2万亿美元。可以看出，人工智能技术将极大地改变现有金融格局。

提升投资效率。借助人工智能技术，智能投顾系统可以为投资者提供投资组合及策略建议，尽可能地减少资金和时间浪费，提升资金使用效率。据2016年全球对冲基金收益榜单显示，采用深度学习技术的Citadel、DE Shaw、Two Sigma等知名量化基金超越了众多传统对冲基金，在复杂的市场环境中创下了更可观的收益。2017年3月，作为全球最大资产管理公司之一的贝莱德，宣布裁员100名主动型基金部门员工，其中包括7名投资经理；涉及变动的300亿美元资产中，有近60亿美元将由量化基金接管。据咨询公司Opimas分析，贝莱德采用人工智能取代传统人工的战略，将给公司的总体运营成本带来28%的下降空间。

增强数据处理能力。各类金融机构在运行过程中都沉淀了金融交易、客户信息、市场分析、风险控制、投资顾问等海量数据。这些海量数据普遍以非结构化的形式存在，既占据宝贵的存储资源，又无法转成可分析的数据。而运用深度学习系统，金融体系能够实现数据建模，转换非结构化的图片、视频数据为结构化的信息，并进行定量及定性分析，既可避免直接储存造成的浪费，又能提升金融大数据的质量。

提升风险管控水平。伴随着金融创新发展，传统的人工风险控制模型已难以应付来自各种渠道的风险或危险攻击，而利用数据挖掘、机器学习、语言识别、图像识别、自然语言处理和专家系统等人工智能技术，可以大幅降低人工风险管控成本并提升金融风险管控水平，提高金融安全体系的稳定性。除了风险管控外，人工智能技术还可对金融体系内部进行实时监管。例如，运用图形视频处理技术实时监控银行柜员行为；利用人脸识别系统对集中运营中心、数据中心机房等进行安全保障，防范不法分子的非法入侵，实现安全防范的目标。

提升用户体验。人工智能在简化服务流程、提升用户体验方面也大有可为。一方面，人工智能使得金融服务变得更加便捷。例如将程序化工作交由机器人来完成，赋予其人类的形象和相应的感情、动作来引导用户，在提升效率的同时也提升了用户体验。另一方面，人工智能能有效提升无障碍服务能力和水平，增强对特殊用户群体的友好体验。例如，中信银行手机银行具备智能语音服务功能，在用户手机系统已设置为 talkback/voiceover（语音服务功能）模式时，自动启动语音服务，为视障用户提供全流程语音金融服务。

（二）人工智能在金融领域的应用现状

人工智能技术的快速迭代发展，使得机器在模拟人的功能方面越来越成熟。在金融服务的前端，人工智能技术可以为客户提供更加个性化、专业化、智能化的管家式金融服务。在金融服务的中台，人工智能技术可以为信贷授信、金融分析与交易等领域提供决策支持。在金融服务的后台，人工智能技术可以为风险防控、监控预警等提供技术支持。

智能投顾。智能投顾（Robo-Advisor）是指根据客户提供的风险偏好、投资收益需求以及投资风格等信息，运用智能算法技术和投资组合优化理论模型，为投资者提供投资决策信息参考、资产组合配置建议等在线投资顾问和资产管理服务。智能投顾是一个复杂的人工智能系统，具有主动投资和量化投资等特征，其在投资配置和交易执行能力上已经超越人类，并且可以克服情绪化投资等弱点。（见图 4–6）伴随着人工智能技术的成熟及普及，智能投顾发展迅速，如美国的 Wealthfront 公司，目前已掌控超过 20 亿美金的资产。其他发达国家也涌现出大量智能投顾公司及平台，例如英国的 Money on Toast、德国的 FinanceScout24、法国的 Marie Quantier 等。

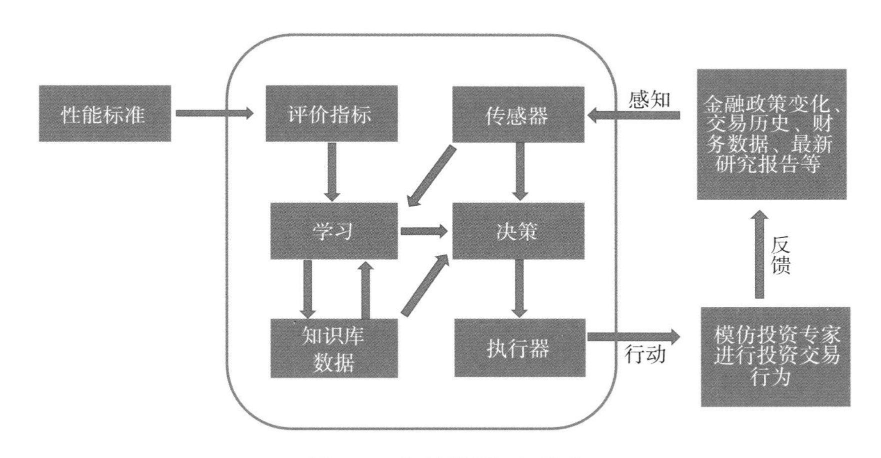

图 4–6　智能投顾运行模式

2014 年起，招商银行、广发证券、阿里巴巴等诸多传统金融机构及互联网公司纷纷推出各类智能投顾产品，发展势头十分迅猛。从产品模式来看，目前我国智能投顾产品主要分为三种类型：一是传统金融机构推出的智能投顾产品及服务，例如广发证券的“贝塔牛”、招商银行的“摩羯智投”等；二是互联网公司推出的财富管理应用，例如“百度金融”“胜算在握”等；三是为用户解决如何建立与风险匹配的分散化投资组合问题的独立第三方智能投顾产品，比如“资配易”“蓝海智投”“弥财”等。伴随着神经网络、决策树等人工智能技术的不断迭代创新和发展，智能投顾在我国金融业具有广阔的应用前景。

智能预测。2007年，量化资产管理公司Rebellion Research推出了全球第一个纯人工智能投资基金，目前其人工智能技术可以研究44个国家20年内的股票、债券、大宗商品和货币。该公司曾成功预测了2008年金融危机，并在2009年9月给予希腊债券F评级，比官方降级提前了一个月。美国Alydia公司，广泛运用包括概率逻辑、遗传算法等在内的人工智能技术组，来预测美国长期股价走势。Kensho公司推出了一款名为Warren的明星产品，该软件结合自然语言处理技术，通过扫描包括经济报告、时政新闻、货币政策变化等在内的众多资源，建立起海量资源库，并及时反映市场动态。日本三菱公司推出Senoguchi，在每月10日预测日本股市未来30天周期内的涨跌情况，经过四年左右的测试，其预测准确率达到68%。总部位于旧金山的Cerebellum Capital，其对冲基金掌控高达900亿美元的资金规模，也使用人工智能技术进行交易预测，且自2009年以来一直处于盈利状态。

智能信贷与监控预警。随着互联网金融的快速发展，越来越多的金融机构和互联网金融公司运用人工智能技术大力发展智能信贷服务，不断提升金融服务智能化水平。通过提取企业和个人的工商、税务、社保等信用信息并加以分析、处理，对其进行画像，开展风险评估分析和跟踪，金融机构和互联网金融公司可以清晰了解目标用户的经济状况、消费水平和需求情况，并建立用户标签库，通过用户标签寻找潜在的目标客户，为融资授信提供参考依据。与此同时，人工智能技术还能够对借款人还贷能力进行实时监控，有效减少坏账风险和损失。例如，京东金融基于京东平台沉淀的大量用户数据、商户数据、物流数据和产品数据，运用人工智能技术对客户进行信用画像，推出了消费信贷产品“京东白条”，并逐步向线下租房、旅游、装修、教育、婚庆等各种场景延伸。

智能客服。越来越多的金融机构和互联网金融公司广泛运用自然语言处理、声纹处理、语音处理等人工智能技术，为远程客户服务、业务咨询和办理等提供有效的技术支持。例如，2015年交通银行推出智慧型服务机器人“娇娇”，目前已经在上海、江苏、广东等近30个省市的银行营业网点上岗。“娇娇”采用了语音识别、人脸识别等技术，既可以进行人机互动语音交流，还可以准确识别熟悉的客户，并为客户提供信息介绍、路线指引等多元化服务，交互准确率高达95%。又如，招商银行的可视柜台（VTM），通过人机互动可以实现一卡通开户、卡片激活、定期业务、转账汇款等20余项非现金银行业务。据测算，其处理业务的效率是人工柜台的1.8倍。

五、人工智能+物流

在人工智能新时代，依托大数据、云计算、物联网和人工智能等技术优势，可以构建起“物流+互联网+大数据”相融合的、覆盖线上线下的物流产业生态系统，从而为物流行业提供全方位、多层次的智能化数据决策支持和服务。伴随着智能感知技术、视觉识别技术、机器人、自动化分拣带、无人机等智能技术及硬件设备在物流领域内的深度应用，物流行业的市场环境、生产要素、业务流程等将面临深刻变革，推动涌现一批物流新业态、新模式，进一步完善物流基础设施，提升物流行业整体管理及服务水平，促进物流行业向数字化、智能化、标准化、一体化发展。行业内电商平台与领先物流企业纷纷布局智慧物流，以抢占先机。

（一）智慧物流的应用优势

在物流行业内，人工智能技术的应用主要聚焦在智能搜索规划、动态识别、计算机视觉、智能机器人等领域。人工智能技术正改变着传统物流业，对今后物流业的发展也将产生深远的影响，主要体现在以下几个方面。

优化仓库选址。人工智能技术可根据生产商、供应商和顾客的地理位置、运输量及经济性、劳动力可获得性、物流成本等现实条件进行智能分析，基于机器学习的位置挖掘、数据分析及可视化，使得海量数据在地理维度中组合，从而发现规律、预测趋势，最终给出应对不同选址考虑因素和分析尺度的最优仓库选址模型和解决方案。与传统仓库选址模式相比，应用人工智能进行仓库优化选址，一方面可突破传统模式下面临的地理数据获取及分析难度大等障碍，另一方面可减少人为主观因素的干扰，使选址更加科学和精准，从而有效降低物流成本、提高物流运营效率及经济效益。

合理管理库存量。传统的库存管理对经验丰富员工的依赖性较大，库存物料的存放位置、在库时长、出入库时间等管理的科学化水平普遍不高。运用人工智能技术，可通过分析顾客历史消费数据、出入库数据和库存信息，实时动态调整库存水平，推动库存管理向实时化、智能化、高效化转变，有效降低库存及仓储物流成本，避免企业盲目生产导致的成本浪费，保障企业存货的物流有序畅通。

提高仓储作业效率。智慧化仓库是人工智能提升物流行业运转效能的最佳体现。目前智能仓库中多采用机器人技术，如搬运机器人、分拣机器人和货架穿梭车等。机器人之间进行有条不紊的作业配合，使得仓储作业的搬运速度、拣选精度以及存储的密度得以极大提升。例如，2017 年苏宁在上海率先探索使用仓库机器人进行仓储作业，1000 平米的仓库里，穿梭着 200 台仓库机器人，驮运着近万个可移动的货架。商品的拣选不再是人追着货架跑，而是等着机器人驮着货架排队跑过来，机器人行动井然有序。根据实测，1000 件商品的拣选，仓库机器人拣选可减少人工 50—70%，小件商品拣选效率是人工拣选的 3 倍以上，拣选准确率可达 99.99% 以上。

优化运输配送路径。运用智能算法等人工智能技术，可以根据收发货地址、车型、订单类型等现实约束条件，在极短时间内运算出满足不同业务需求的优化配送路线及方案，减少出车次数及行驶里程数，有效节省物流运输成本，显著提升物流服务能力及用户体验感。例如，京东于 2017 年正式上线的智能路径优化系统，融合了分支—割算法、可变邻域搜索、快速小邻域局部搜索、元启发式算法、分布式并行技术等人工智能技术，融入了客户收货习惯、站点地址、订单号、订单时效、客户收货地址经纬度、配送员当前坐标、配送员配送习惯等各项参数，在最大限度保持配送员现有配送节奏的前提下，实现以配送路径最短的形式准确达成全部订单配送的效果，满足客户更精准的需求。展望未来，基于无人驾驶技术的智能物流车将使得物流运输更加快捷和高效，通过实时跟踪交通信息并调整优化运输路径，物流配送的路线优化水平及时间精度将进一步提升。

（二）智慧物流的发展现状

作为全球第二大经济体，我国已连续多年成为全球最大物流市场。

大数据和人工智能的技术广泛应用，驱动着物流业从劳动密集型向技术密集型转变，迈入科技驱动的智慧物流新时代。

智慧物流引领产业发展。当前，物流企业对智慧物流的需求主要集中在物流技术、物流云、物流模式和物流大数据这四个领域。《中国智慧物流发展报告》显示，2016 年智慧物流市场的规模超过 2000 亿元，预计到 2025 年，智慧物流市场的规模将超过万亿元，发展市场前景广阔。以智能快递柜为例，截至 2016 年底，我国智能快递柜已由 2015 年的 6 万多台增加到近 16 万台，增幅超过 200%。可以预见，以人工智能技术为依托的智慧物流将再造物流产业新结构，引领物流产业新发展。

智慧物流技术应用高效。人工智能为物流技术创新提供了无限可能，现在越来越多的企业在物流技术的应用上都朝机械化、智能化、无人化方向发展。人工智能广泛应用于仓储、运输、配送、末端等各物流环节，特别是在无人仓储、无人驾驶、无人配送、物流机器人等前沿领域，一批领先企业已开始商业探索和应用，有力推动物流业实现“资源智能配置、优化物流环节、减少资源浪费、提升运作效率”。高效的智慧物流信息技术不仅加快了企业物流信息化的建设，也提高了企业物流服务的效率，有效优化了物流业务流程，智慧物流技术的应用正进入企业高效运作期。

人工智能优势日益显现。根据《中国智能物流行业市场需求预测和投资分析报告》数据统计，我国智能物流设备市场容量由 2014 年的 496 亿元、2015 年的 684 亿元已发展到 2016 年的 862 亿元，2018 年将达到 1360 亿元，年增速在 20% 以上。我国京东、菜鸟等一批物流理念先进的企业在无人搬运车、无人机、拣选机器人等人工智能领域正积极进行试验，未来有望以人工智能为代表的物流信息技术代替传统的人工物流作业，以达到物流智能化、无人化、信息化的高效运作。

案 例

亚马逊智慧物流

亚马逊公司是全球最大的互联网线上零售商之一。在亚马逊20多年的发展历史中，自建物流是其发展过程中的关键环节。当前，基于云技术、大数据分析、人工智能等技术的领先优势，亚马逊在智慧物流方面取得了突破性的进展，打造了包括智能供应链系统、仓储机器人、无人机等在内的智慧物流体系。数据显示，亚马逊在全球拥有493个仓库，并在美国拥有超过12.5万名仓库员工。亚马逊一直致力于使从订单到交付的整个流程更加有效率，从而减少客户等待包裹的时间。

● 智能供应链系统

亚马逊在业内率先利用人工智能和云技术开展供应链管理，创新性地推出了预测性调拨、跨区域配送、跨国境配送等服务，并由此建立了全球跨境云仓。并且，通过机器的自我学习和优化，对供应链下端的仓储运营、运输配送进行更准确的指导。

在仓储运营方面，通过智能分析，亚马逊可根据线上的销售情况，实时记录当前库存，并以客户的偏好和需求为依据，预测下一期的销售目标，调整库存，从而使库存始终保持在一个较低的水平。

在运输配送方面，亚马逊将仓储物流服务与产品配送结合起来，定时或定点为消费者提供新鲜的产品和及时服务。智能分析使得各类存货按照数据分配进行相互交叉的储存，对空间实现最优利用。而根据季节、节假日、促销周期、地域分布等对商品的影响，库存系统会自动转移产品，合理利用库房。

● 仓储机器人

亚马逊在 2012 年斥资 7.75 亿美元收购了机器人制造商 Kiva Systems，自 2014 年开始在仓库中使用 Kiva 机器人，从而大大提升了其物流效率。截至 2017 年 9 月，亚马逊在全球仓库拥有超过 10 万台自动化机器人，并计划增设更多机器人协助工作。

Kiva 是一个外观看起来像冰球的搬运机器。Kiva 有两个型号，较小的型号约 2 英尺 ×2.5 英尺，1 英尺高，顶部有个托运圆盘，能够抬起重量约 1000 磅的货物“行走”，而较大的型号

亚马逊仓库（货架底下的是 Kiva 机器人）

可以承重3000磅，每小时可跑30英里，准确率高达99.99%。Kiva机器人配合员工完成拣货，将订单商品自动送到工作人员身边，方便工作人员对商品进行快速打包，从而节省工作人员在仓库里搬运货物的时间。利用机器人后，拣货周期时间从60—75分钟缩减到15分钟左右，而且由于更智能地使用空间，库存空间增加了50%。仓库效率提高后，成本随之下降，数据显示，Kiva机器人将运营开支削减了20%左右。

• Prime Air 无人机

物流的“最后一公里”是整个流程中成本最高的一个环节，需要耗费大量的时间与人力。如果能用无人机实现快递无人化交付，将节省不少物流开支，同时也将提高运输系统的整体安全性和效率，为消费者提供更多便利。

2013年底，亚马逊CEO贝佐斯向外界透露，公司计划推出面向消费者的无人机快递服务Prime Air，在30分钟或更短的时间内，将重量低于5磅的货物用无人机投递到用户家中。2016年12月7日，亚马逊首次成功用Prime Air无人机给在英国的一位消费者送货，从下单到到货总共用了13分钟。

2017年，亚马逊开发出第二代Prime Air，相比前一代，其耐用性、续航、稳定性都得到了优化。第二代Prime Air计划用于市区内送货，采用混合式驱动，可垂直起降，送货最大距离为24公里。此外，Prime Air还搭载了声呐和地形测量系统，只有达到安全值Prime Air才会展开脚架降落，因而可以在雪地、泥地、斜坡等不平坦的地形平稳降落。2018年，亚马逊还获得美国专利商标局授予的无人机新专利，该无人机能够对尖叫声、挥动的手臂等人类姿势作出回应。这项专利将帮助亚马逊解决无人机与在门口等待的顾客之间互动的问题。无人机的使用提升了整体运作效率，据德意志银行估计，无人机的有效使用可帮助亚马逊节省80%的最后一英里运输成本。（见图4-7）

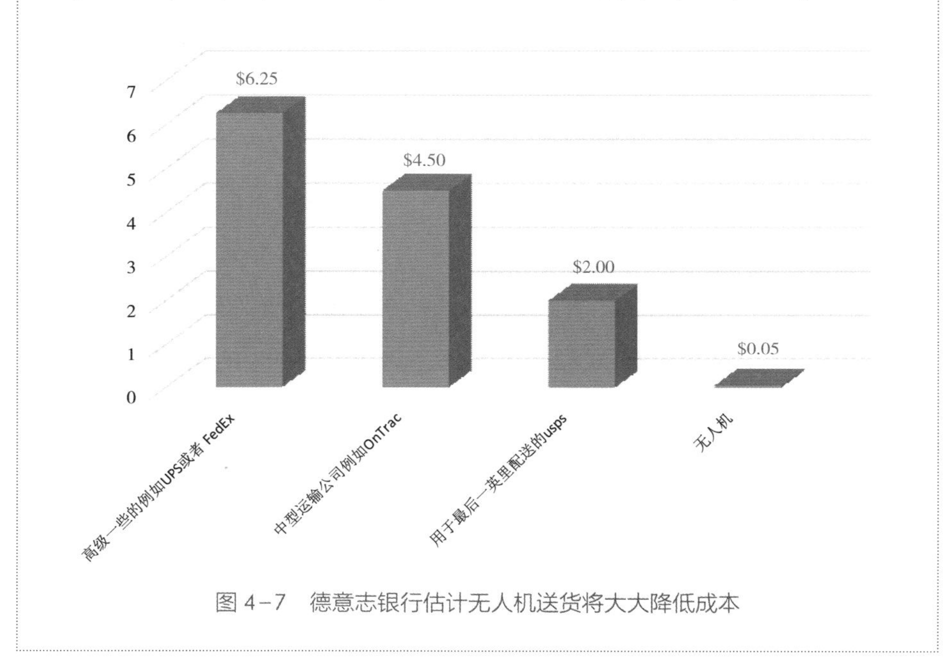

图4-7 德意志银行估计无人机送货将大大降低成本

六、人工智能开放平台

人工智能开放平台能够将人工智能企业的技术能力和计算资源，与传统企业的数据和应用需求连接起来，通过供需双方资源的有机整合，有效提升行业运营效率、创造新产品，因此将成为人工智能与实体经济融合创新的重要基础设施。

当前，国内外一些互联网企业正在积极打造人工智能开放平台，将人工智能核心技术、资源和能力开放出来。其中，百度通过多个开放平台，已开放了数百项人工智能核心技术能力。国外的谷歌、微软、亚马逊等企业也在广泛布局。这些开放平台已经取得了不错的应用效果，让传统行业能够便捷地使用人工智能技术和计算资源，成为实体经济与人工智能融合创新的桥梁。

（一）人工智能开放平台的分类

按照不同的应用方式，人工智能开放平台主要分为三大类，分别是：底层核心平台、通用技术平台和行业应用平台。（见图 4-8）

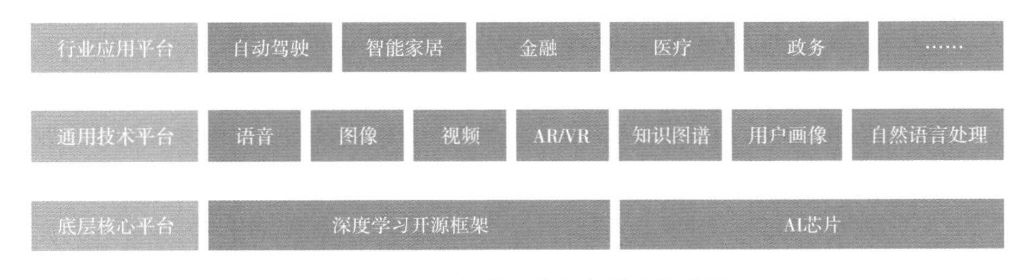

图 4-8 人工智能开放平台的主要分类

底层核心平台主要涵盖人工智能产业最基础的软硬件模块，包括人工智能芯片和深度学习开源框架等。软件方面，未来几乎所有的人工智能应用都要基于深度学习开源框架开发，其重要性可类比计算机时代的操作系统，在一定程度上决定着未来人工智能的标准制定权和话语权归属。目前比较主流的深度学习开源平台大都出自美国，如TensorFlow、Caffe2、CNTK、MXNet、PyTorch 等，百度飞桨是国内首个深度学习开源平台。硬件方面，当前主流的现场可编程门阵列（FPGA）、图形处理器（GPU）等芯片主要掌握在英特尔、英伟达等美国企业手中。中国企业也在这个领域积极探索，如百度研发的人工智能专用芯片“昆仑”，在同类产品中性能突出，已经进入流片阶段，未来将广泛应用于数据中心、无人车和智能终端等场景。

通用技术平台提供了语音识别、图像识别、视频理解、AR/VR 等感知能力，自然语言处理、知识图谱、用户画像等认知能力，并以最简单最方便的形式提供给每个开发者。

行业应用平台为人工智能技术在汽车、家居、医疗等垂直领域应用落地提供了特定算法、功能模块、开发工具和解决方案等必要的基础资源，帮助企业和开发者方便地获得人工智能核心技术和能力，创新产品和服务。

（二）人工智能开放平台助力高效创新和商业化落地

人工智能开放创新平台具有开放性与开源性特征，能够为人工智能领域的创新创业团队、企业及社会组织提供安全可靠的包括算法优化、技术研发、成果孵化、评测认证、资本对接等在内的一系列创新工具及解决方案，从而全方位汇聚创新创业动能，对于加快构建政产学研用的人工智能科技创新体系、加速人工智能高效创新与商业化落地具有重要推动作用。

一是极大降低了人工智能应用创新的门槛。无论是算法模型训练所需的技术能力，还是 GPU、FPGA 等硬件购置花费的成本，对于传统企业和开发者来说都是极高的门槛。在人工智能开放平台的帮助下，传统企业和开发者仅需简单调用平台上的相关接口和资源，就可以满足多种智能化需求。

二是有效提升了人工智能创新的水平。通过人工智能开放平台，领先的企业可以把多年积累的核心技术和能力开放共享，这样，全社会都能基于最领先的人工智能技术来实现更快的技术和能力迭代。这相当于站在巨人的肩膀上进行创新，提升了全行业的创新水平。

三是大幅加速人工智能产品化、商业化进程。随着人工智能技术的不断突破，把技术变为产品，找到合适的商业化路径，成为当前企业应用人工智能的迫切需求，也是人工智能转化为经济新动能的前提。人工智能开放平台能够在比较短的时间内汇聚各方力量，实现数据、技术、能力、资源的共享和互补，加速创新和持续共赢，从而加快产品的商业落地。

（三）人工智能开放创新平台蓬勃兴起

2017 年 11 月 15 日，科技部在北京召开新一代人工智能发展规划暨重大科技项目启动会。会上公布了首批国家人工智能开放创新平台名单：依托百度公司建设自动驾驶国家人工智能开放创新平台，依托阿里云公司建设城市大脑国家人工智能开放创新平台，依托腾讯公司建设医疗影像国家人工智能开放创新平台，依托科大讯飞公司建设智能语音国家人工智能开放创新平台。2018 年 9 月，科技部正式宣布依托商汤集团建设智能视觉中国新一代人工智能开放创新平台。

1. 自动驾驶国家人工智能开放创新平台——百度 Apollo 平台

百度 Apollo 平台是百度推出的向汽车行业及自动驾驶领域的合作伙伴提供的开放创新平台，包括服务平台、软件平台、参考硬件平台和参考车辆平台共四层。基于 Apollo 开放平台，可以更快地研发、测试和部署自动驾驶系统。目前，百度 Apollo 平台正沿着既定路线发展，保持每周更新、每两个月发布新版本的速度进行。2017 年 7 月 5 日发布 1.0 版本，开放封闭场地的循迹自动驾驶能力、自定位能力、端到端等三项功能；9 月 20 日发布 1.5 版本，首次开放障碍物感知、决策规划能力以及云端仿真服务及高清地图等，用于支持昼夜定车道自动驾驶；12 月发布 2.0 版本，开放障碍物行为标注数据、2D 障碍物标注数据、日志提取仿真场景数据等。2018 年 7 月发布 3.0 版本，开源了七大新能力，包括感知算法、规划算法、控制方案、量产安全监控、HMI 调试工具、量产开发者接口、开发者共享相对地图等。2019 年 1 月发布 3.5 版本，支持包括市中心和住宅场景等在内的复杂城市道路自动驾驶，还开放了车路协同 V2X 系统，让智能交通进入车端和路侧整体开源的新阶段。

2. 城市大脑国家人工智能开放创新平台——阿里云 ET 城市大脑

阿里云 ET 城市大脑是目前全球最大规模的人工智能公共系统，其利用实时全量的城市数据资源全局优化城市公共资源，即时修正城市运

2018 年 9 月杭州“城市大脑”2.0 正式发布

行缺陷，能够全面提升政府管理能力，解决城市治理中公共安全、交通、公共出行等突出问题。目前，杭州主城区、萧山区、余杭区等多个地区都在快步引入城市大脑。以杭州为例，城市大脑已覆盖主城区莫干山路区域等路面主干道，以及南北城区的中河—上塘高架等快速路，同时服务萧山城区，为杭州市逾 900 万常住人口的快速出行提供实时分析和智能调配。在杭州主城区，城市大脑调控了 24 个莫干山路区域红绿灯，通行时间减少 15.3%。试点中河—上塘高架 22 公里道路，出行时间平均节省 4.6 分钟。在萧山，104 个路口信号灯配时无人调控，范围西至萧然西路，南至晨晖路，东至通惠路，北至萧绍路，此外还包括市心路、育东路、北山南路在内的 5 平方公里，车辆通行速度提升 15%，平均节省时间 3 分钟。

3. 医疗影像国家人工智能开放创新平台——腾讯觅影

腾讯觅影是腾讯公司首个应用在医学领域的 AI 产品，由腾讯互联网＋合作事业部牵头，聚合了腾讯公司内部包括 AI Lab、优图实验室、架构平台部等多个人工智能团队，将图像识别、语音识别、深度学习等技术与医学融合，支持早期食管癌、早期肺癌、糖尿病性视网膜病变、宫颈癌、乳腺癌等病种筛查。目前已经与广东、广西、西安等全国多

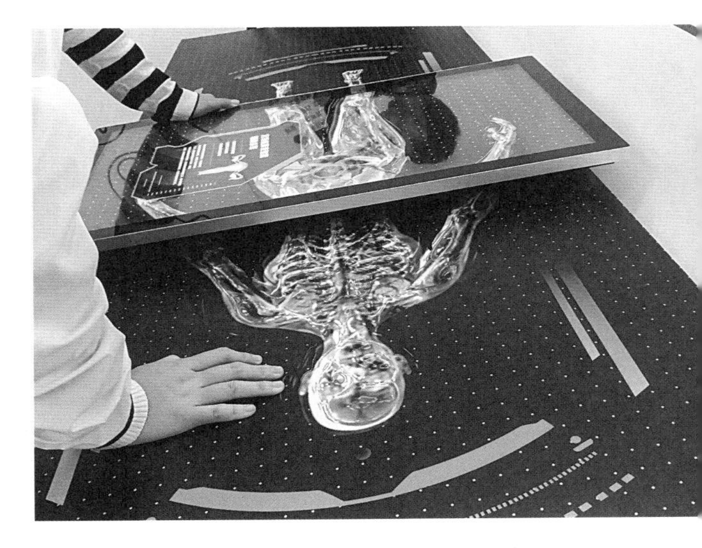

“腾讯觅影”帮助医生早筛食管癌等疾病

个省市十多家三甲医院建立了联合实验室，并与上百家医院达成合作意向；食管癌、肺癌、糖尿病性视网膜病变三个病种的筛查进入临床预试验阶段。腾讯觅影使得全国各地的医院都有望获得顶尖医疗机构的医疗能力，有助于消除不同地区间的医疗水平差异。

4. 智能语音国家人工智能开放创新平台——讯飞开放平台

讯飞开放平台是全球首个开放的智能交互技术服务平台，平台向开发者提供语音合成、语音识别、语音唤醒、语义理解、人脸识别等多项语音技术。（见表 4-2）其目标是到 2020 年力争将智能语音及人工智能开放创新平台建设成为国际一流平台，形成从智能语音及人工智能技术、整体解决方案、开源平台，到硬件和产业应用的完整生态体系。目前，已应用于机器人、汽车、医疗、教育、客服等多个行业。截至 2018 年底，讯飞开放平台开发者团队数达 90 万个，累计服务 21 亿个

2019 年 5 月科大讯飞虚拟主播亮相中国国际大数据产业博览会

终端，日均服务量达47亿次。基于讯飞开放平台，科大讯飞相继推出了讯飞输入法、灵犀语音助手等应用，推动各类语音应用深入到教育、医疗、司法、智慧城市、客服等各个领域。

表4-2 迅飞开放平台开放内容

语音技术	语音听写、语音转写、实时语音转写、离线语音转写、语音唤醒、声纹识别、离线命令词识别、歌曲识别
语音合成	在线语音合成、离线语音合成
语音扩展	语音评测、语义理解、电话机器人能力中间件
人脸识别	人脸验证与检索、人脸比对、人脸水印照比对、静默活体检测、人脸特征分析
文字识别	手写文字识别、印刷文字识别、名片识别、身份证识别、银行卡识别、营业执照识别、增值税发票识别
内容审核	色情内容过滤、政治人物检查、暴恐敏感信息过滤、广告过滤
自然语言处理	词法分析、依存句法分析、语义角色标注、语义依存分析、情感分析、关键词提取
图像识别	场景识别、物体识别

5. 智能视觉国家人工智能开放创新平台——商汤科技

平台将基于深度学习的人工智能技术，主要聚焦于计算机视觉等领域，通过超算系统、训练系统、智能视觉工具链等核心基础的研发、数据系统的构建，在基础研究和核心技术上与国际保持同步研发水平；实现智能视觉底层关键技术和共性支撑技术的突破，促进智能视觉技术与多行业的快速结合、产业赋能；建立人工智能国际化人才体系和培养国际化人才；通过人工智能赋能，创造以众创空间、孵化器为代表的大众创业、万众创新的生态环境，促进新旧动能转换。

案 例

百度大脑3.0帮助每个人平等便捷地获取AI能力

百度大脑是百度AI能力的集大成者，涵盖了语音、图像、视频、人脸与人体识别、虚拟现实与增强现实、自然语言处理、数据智能、知识图谱八大领域，开放了全球领先的AI服务。百度在2016年9月正式发布的百度大脑1.0，完成了基础能力搭建和核心技术初步开放；2017年百度大脑2.0发布，形成了完整的技术体系，开放了60多项AI核心能力；2018年百度大脑3.0形成了从芯片到深度学习框架、平台、生态的AI全栈技术布局，并且开放了150多项AI能力，每天调用次数超过4090亿次。

●百度大脑3.0首次在业内提出“多模态深度语义理解”概念

“多模态深度语义理解”，简单来讲，就是对文字、声音、图片、视频等多模态的数据和信息进行深层次多维度的语义理解。这让机器不仅能听清、看清，更能深入理解它听到和看到的内容背后的含义，深度地理解真实世界，进而更好地支撑各种应用。

比如视觉语义化，可以让机器从看清到看懂视频，并提炼出结构化语义知识。通过将视觉语义化技术应用于世界杯视频解析，机器能够像人一样识别视频中的球员、裁判、球以及球门、球场线等人、物和场景，可以捕捉射门、进球、角球、任意球、换人等事件。基于这些语义化知识，既可以完成机器人自动解说，也可以进行精彩片段集锦，以及各种数据统计分析等。

百度大脑自动识别世界杯比赛视频中的黄牌判罚

百度大脑还通过万亿级的参数、千亿级的样本、千亿级的特征训练，来模拟人脑的工作机制，让百度大脑不但能“看清”“听懂”，还具有认知思维能力。以自然语言理解技术为例，在阅读理解方面，百度大脑已经阅读了千亿量级的文章，相当于6万个中国国家图书馆的藏书，并由此积累了亿级实体、千亿事实的知识。通过持续获取和积累知识，百度大脑的理解能力不断升级，智能水平显著提升，进而能够更好地服务用户。

• 百度大脑 3.0 推出了飞桨 3.0 版本的深度学习开源平台

深度学习平台是人工智能技术持续突破的基础，这一平台在人工智能时代的作用，可类比为计算机时代的操作系统。2016年9月，百度发布了深度学习开源平台——飞桨，成为继谷歌、Facebook、IBM后另一个将人工智能技术开源的科技巨头，同时也是国内首个开源深度学习平台的科技公司。百度飞桨具备完全自主的知识产权，获得近300项专利。在社区活跃度等多项指标方面，已经赶上甚至超越了国外开源平台的同期水平，并应用在百度的100多项产品和服务之中，为数亿用户提供服务。

最新发布的飞桨版本是3.0，其核心框架对服务器版本以及移动端版本进行了全面优化，可以灵活适用于更广泛的开发需求；同时，还推出AI Studio、AutoDL以及EasyDL三大平台，以帮助开发者便捷获取顶尖AI的能力。其中，EasyDL平台能够帮助开发者在不懂深度学习的情况下，零算法基础训练业务并定制模型，实现操作可视化。

例如，圣象地板在生产的很多环节都早已实现了自动化，可最后的地板分拣工作，却要完全依靠人的肉眼识别，一秒一块地进行。现在，通过百度大脑3.0的定制化模型训练和服务平台EasyDL，可以定制木地板瑕疵检测的模型，在AI的辅助下，地板制造业分拣流程自动化成为了可能。当地板在流水线上通过，摄像头一看就能检测出每块地板的好坏，不仅提升了一倍

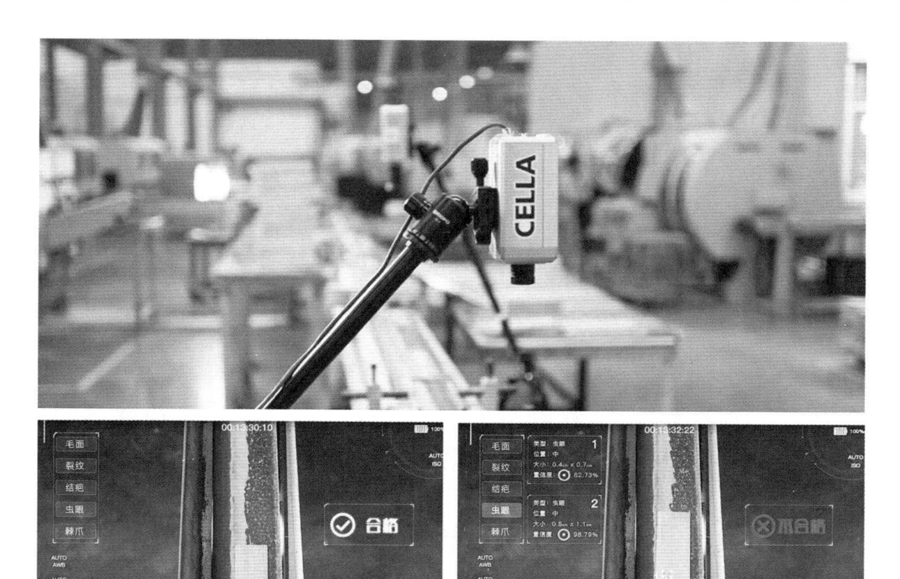

圣象地板依托百度大脑开发的木地板瑕疵检测的模型

的效率，还能把工人从需要脑力判断的重复、低效、繁重的工作中解放出来。

目前，百度大脑先进的人工智能技术，不仅在国内得到了广泛应用，还在持续向全世界输出，这将改变我们过去多年来只能引进国外技术的状况。例如，美国零售安防提供商Checkpoint将EasyDL平台应用于其购物车智能监控系统BOB SYSTEM中，能对购物车下层的商品进行识别和判断，帮助收银员发现未结账的商品，准确率可达95%以上。（见图4–9）目前，它已经应用在美国纽约、新泽西、宾夕法尼亚等七个州的160个超市，帮助超市降低了运营成本和商品损耗。

图4–9 BOB SYSTEM发现疑似未结账商品

• 百度大脑3.0将应用中国第一款云端全功能AI芯片“昆仑”

2011年起，为了深度学习运算的需要，百度开始基于FPGA研发AI加速器芯片，并于同期开始使用GPU。过去几年，百度对FPGA和GPU都进行了大规模部署。由于市场上现有的解决方案和技术不能满足百度对AI算力的要求，百度科学家和工程师开始自主研发芯片，并在2018年7月的百度AI开发者大会上，正式发布了一套“昆仑”芯片。“昆仑”芯片是百度自主研发的、中国第一款云端全功能AI芯片，包含训练芯片昆仑818-300、推理芯片昆仑818-100。百度大脑3.0首次将芯片纳入技术体系，它将使百度大脑具备更完备的软硬一体化能力，带动算力爆发式增长。

“昆仑”芯片采用了三星14nm工艺，512GB/s内存带宽，由几万个小核心构成，其计算能力比原来用FPGA做的芯片提升了30倍左右。“昆仑”芯片具备三大特点：一是高性能，“昆仑”是迄今为止业内计算力最高的AI芯片，最高可以在100瓦+功耗下提供260TOPS，即每秒260万亿次运算，并针对语音、自然语言处理、图像等进行了专门优化；二是易用性强，支持飞桨等深度学习框架，编程灵活度高、灵活支持训练和预测，可适用于语音、图像、自动驾驶等众多领域；三是高性价比，在同等性能下成本降低10倍。

第五章

人工智能提高服务和保障民生水平

人工智能 + 交通

人工智能 + 医疗

人工智能 + 教育

人工智能 + 家居

人工智能 + 扶贫

人工智能 + 文化创意

随着深度学习在学术界和应用方面的高速发展，图像识别、语音识别、自然语言理解等领域都有了新的突破，人工智能开始走出实验室，逐渐改变着我们的生活，并对社会发展的各个领域产生了深远的影响。在机场，可以刷脸登机；在医院，智能辅诊系统可以辅助医生诊断病情；在家里，可以通过语言来控制各种电器……人工智能的出现，对提升公共服务的质量和效率、提高人民生活品质具有重要作用。

一、人工智能 + 交通

交通运输是国民经济中基础性、先导性、战略性的产业，是兴国之器、强国之基。从世界大国崛起的历史进程来看，国家要强盛，交通须先行。近年来，随着交通事业快速发展，我国成了名副其实的交通大国，正在向交通强国迈进。党的十九大明确提出建设交通强国的宏伟目标，人工智能技术可广泛应用在交通领域，助力这一目标实现。

随着城市化的不断发展，我国机动车数量猛增，随之而来的是交通拥堵、交通事故频发、管理困难等诸多问题，它们已经成为城市发展的阻碍。而人工智能技术的发展成熟，成为解决这些交通难题的重要突破口。人工智能技术可以应用于交通状况实时分析，实现公共交通资源自动调配、交通流量的自动管理，为交通精细化管理、智能出行提供了新的解决方案，使得人、车、路密切配合，充分发挥协同效应，从而提高交通运输效率、保障交通安全、改善交通运输环境。

（一）人工智能与自动驾驶

汽车是现代交通最重要的组成部分，诞生至今已超过130年，但在这一百多年时间里并未出现过颠覆性的技术革命。近年来，随着自动驾驶技术的迅速发展，汽车正经历一次前所未有的变革，从此汽车将不再只是交通工具，而成为家与办公室之外的第三空间。自动驾驶是汽车与人工智能、物联网、云计算等新一代信息技术以及交通出行、城市管理等多领域深度融合的产物，相对普通驾驶会更安全、更高效、更经济。

现阶段全球发达国家和企业纷纷布局自动驾驶。如谷歌是研发自动驾驶技术最早的公司之一，2016年Waymo从谷歌旗下的自动驾驶项目拆分为独立的公司。目前，Waymo自动驾驶公路测试里程已突破1000万英里，测试车队平均每天都要在路上跑2.5万英里，相当于每天绕地球一圈。同时，Waymo还在美国亚利桑那州开始尝试部署全球首个商业自动驾驶打车服务。在自动驾驶领域，我国起步较早，具备了较为领先的技术实力和上路能力，部分领域与发达国家处于同一起跑线。

作为国内自动驾驶领域的领军企业，百度在2013年就开始了自动驾驶技术的研发，并于2015年12月正式宣布百度无人车在国内首次实现城市、环路及高速道路混合路况下的全自动驾驶。2016年11月，18辆百度无人车在乌镇世界互联网大会上开展了国内首次开放城市道路公开试乘活动，打造了国内规模最大的运营级无人车队。2017年4月，百度发布了Apollo开放平台，是全球范围内自动驾驶技术的第一次系统级开放。Apollo 是一个开放的、完整的、安全的平台，将帮助汽车行业及自动驾驶领域的合作伙伴结合车辆和硬件系统，快速搭建一套完整的属于自己的自动驾驶系统，进一步降低自动驾驶的研发门槛，加速了全球自动驾驶的落地。自发布以来，Apollo 已经吸引了 135 家合作伙伴，包括整车及零配件制造商、传感器及芯片制造商、政府及学术机构等，其中不乏宝马、福特等国际一流车企。2018 年 7 月 4 日，百度宣布全球首款 L4 级量产自动驾驶巴士“阿波龙”已批量下线，标志着 Apollo 开放平台迈入量产新时代。

百度无人车开进河北雄安新区

（二）人工智能与疲劳驾驶

根据美国国家公路交通安全管理局（NHTSA）发布的统计数据显示，仅 2016 年，美国就有 803 起因疲劳驾驶引发的交通事故死亡事件。为预防疲劳驾驶，美国一家人工智能创业公司 Affectiva 发布了一款人工智能情绪监控软件。该人工智能系统可追踪驾驶员的情绪、体能及驾驶分神的程度，或许能够避免驾驶员因困倦及分神而引发交通事故的发生。

车辆在搭载了软件及摄像头后，该系统就能探查到驾驶员的驾驶状态，确认是否存在嗜睡、过于焦虑或易怒的情况，从而判定驾驶员能否专心开车。该技术或将与半自动驾驶车辆相搭配，在驾驶员疲劳或“怒路症”发作而感到焦躁不安时，转由车载系统控制车辆的驾驶操控，以保障安全。若驾驶员随后驾驶状态稳定决定自主驾驶，可再接管相关的车辆驾驶操作。

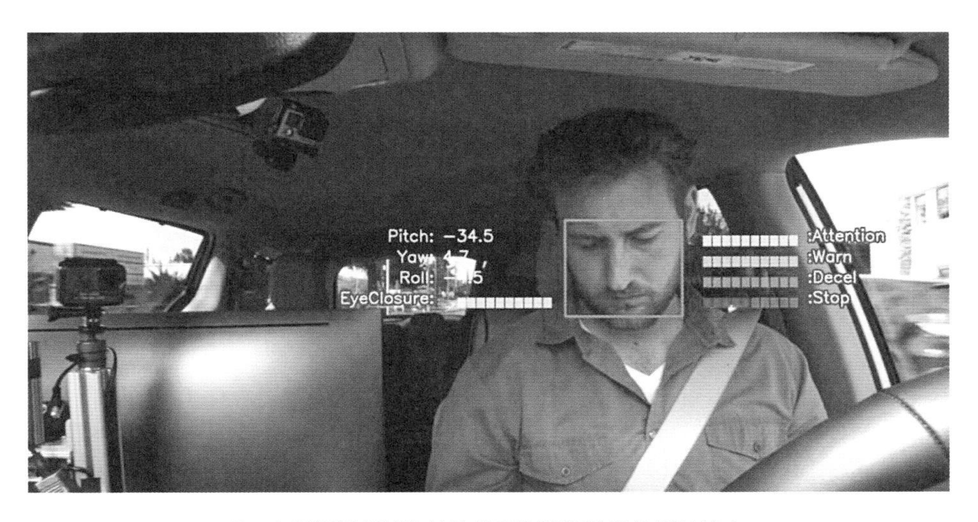

人工智能情绪监控软件可判断驾驶员的驾驶状态

（三）人工智能与信号灯

信号灯是影响交通的重要因素。我们现在使用的常规信号灯是按照定时的预编程序来工作的，这种程序常年不变，而路况却在时时发生着变化。卡内基梅隆大学的研究者利用人工智能和交通控制理论相结合，研究出了名为“可扩展城市交通控制”（Scalable Urban Traffic Control）的解决方案，希望能缓解城市交通拥堵的现状。2012 年 6 月起，项目组开始在宾夕法尼亚州匹兹堡地区实验部署智能交通信号灯系统。该系统通过摄像机和雷达信号采集交通流量数据，并优化算法来配置信号灯时长。研究团队将智能信号灯系统安装在匹兹堡东自由区的 9 个交叉路口，计划将该地区打造为国际认可的“智能交通”示范区。结果显示，在试点区域内，行车时间减少 25%，平均等待时间减少 40%，同时汽车整体的排放量也减少了约 21%，这意味着人们在下班后能更早到家，早上也不用因为担心堵车而过早起床。

2015 年，项目组将“可扩展城市交通控制”技术商业化，成立了 Surtrac 公司，继续在匹兹堡市部署智能信号灯相关项目，并依靠人工智能技术对该系统进行持续优化。2016 年 10 月，该市获得美国交通运输部超过 1000 万美元的联邦拨款，将帮助该地区未来三年在超过 150 个路口应用该技术。这将有助于更好地管理交通信号灯的时间，从而提升整个城市交通系统的效率。

案例一

城市交通大脑

与国内外其他的特大型城市一样，随着城市的快速发展，深圳也面临着交通拥堵这一城市痼疾。深圳城市面积不足 2000 平方公里，全市道路里程只有 600 多公里，平均每公里的车辆密度为 530 辆，居全国第一，人、车、路的矛盾更加凸显。正是在这样的背景下，2017 年 7 月，深圳交警和华为公司建立了联合创新实验室，这也是全国交警系统首个与华为公司合作组建的

“智慧交通”创新机构，其主要致力于探索更为高效的交通管理技术体系架构。

城市交通大脑从顶层设计入手，全面规划深圳城市交通体系，并以视频云、大数据、人工智能为技术核心，建立一个统一、开放、智能的交通管控系统。同时，通过构建统一的数据采集、分析及处理平台，实现信息资源高度共享、融合和综合利用，汇集成大数据资源池，实现交通数据的全覆盖、全关联、全开放和全分析，从而给市民提供更加优质和高效的交通服务。

“城市交通大脑”的应用如下：

1. 超带宽交通网络

深圳交警与华为合作，已实现基于高快速度光纤传送的OTN网等技术，支撑满足400G带宽的传输能力、超过20PB的数据存储能力、百亿级的数据处理能力，数据承载能力是传统公安网络的40倍。

2. 全城交通流量全面感知

深圳交警建立了道路动态监控体系，通过车牌识别等系统，用视频方式检测交通流量，检测准确率达到了95%。每月采集过车数据约7亿条，同时整合内、外部78个系统数据库近40TB的数据，有力支持交通大数据的拥堵分析和优化方案。

3. 人工智能辅助执法

执法是公安交警部门的主要工作，原来深圳交警采用的是人工工作方式，违法行为的确认需要人工审核以确保符合相应的法律法规。深圳交警在这项工作中引入人工智能技术后，大数据研判平台实现了对卡口数据运算的秒级响应，基于对车辆外观特征识别的二次识别技术日处理图片能力达到1000万张，对于违章图片的识别达到95%以上。人工智能技术的投入使用，提升10倍的违章图片识别效率，确保了违章图片的闭环处理。

4. 提升大数据打击效率

以前传统方式下开展一个专项活动需要7天的时间进行数据资源准备、软件开发和数据分析，才能找到合理的数据。现在，深圳交警依托大数据平台及交通分析建模引擎，创建“失驾”（驾照被吊销的情况仍然驾车）、“毒驾”、多次违法等大数据分析模型，30分钟就能形成情报精准推送，开展数据打击专项行动精准查处，定向清除。最近一段时间已经精准查处各类重点违法37055起，查扣假、套牌车874辆，工作效率是以往的10倍。现在套牌、假牌、报废、多次违法车辆在深圳道路已基本绝迹。

5. 提升市民出行体验

如何才能通过创新技术提升市民的出行体验？深圳交警基于交通时空引擎，融合卡口、浮动车等数据，已建立全市所有信号交叉口的实时监控系统，制定精准的交通信号管控模式。通过管控大数据，科学设置路口渠化及交通组织创新，道路通行能力力争提高8%左右。

（案例来源：李强《深圳交警：联合创新打造交通大脑，出行可以预见》，《ICT新视界》2017年11月）

案例二

中国车企自动驾驶试体验

2018年8月，北京地平线机器人技术有限公司（以下简称“地平线”）与长安汽车合作成果在中国国际智能产业博览会（以下简称“智博会”）上亮相。在智博会的智能驾驶体验区，长安自动驾驶汽车公开试乘体验。该车辆可实现自动启停、躲避障碍物、等红绿灯、自动泊车等自动驾驶功能。地平线为其提供了感知、定位、决策、路径规划等自动驾驶技术。这也是地平线与长安联合实验室自成立之后首次公开展示合作研发成果。

地平线参与开发的长安试乘车辆亮相重庆智博会

在智博会试乘现场，其开放道路、真实行人、复杂驾驶环境等与中国市民的日常驾驶环境几乎没有区别，地平线参与开发的长安试乘车辆在自动驾驶状态下可准确识别红绿灯，并穿行经过行人密集的复杂开放路段。该次试运行的长安自动驾驶车辆，其各种自动驾驶传感器均已深度嵌入车体内部，从外观上与普通车辆无异。

案例三

智慧机场实现人脸登机

2017年，百度发布了融合人工智能能力的“智慧机场大脑”，包括智慧安全、智慧服务、智慧运行、智慧商业和智慧管理五大应用，提供技术能力、商业化产品和整体解决方案，旨在打造新时代的智慧机场。

在机场的智慧安全领域，百度人工智能技术将提供动态视频分析、人证票核验、人脸闸机等服务。在智慧运行领域，百度的车辆识别、视频分析、高精地图和自动驾驶等技术服务可在保障机场运行安全的同时大幅提高效率。在智慧服务领域，百度提供智能客服、智能机器人、智慧交通、人流分析等，全面提升旅客在机场的服务体验。在智慧商业领域，百度将基于大数据、AR/VR等技术，为机场打造精准营销和个性服务，优化商业决策。在智慧管理领域，百度将协助机场打造企业即时通讯（IM），基于生物特征管理机场内部员工通行权限，并利用物联网预测维保，优化节能。

“空中飞人”们一定有如下体验：由于时间紧张、多件行李而自顾不暇的你，还必须拿出身份证件和机票才能顺利通过安检时，多么希望能解放双手。当人工智能技术应用于机场时，“刷脸登机”已成为现实。

2017年6月，从安检到登机的全流程旅客人脸识别管理系统正式落地南阳机场。此套人脸识别管理系统基于百度高精度人脸识别技术，与南航合作，全面简化登机流程，提高安检准确性，提升用户体验。在使用旅客人脸识别管理系统时，乘客只需在安检时出示机票，通过1∶1的人脸认证技术进行身份比对，确认旅客信息，并将旅客的图像信息录入到数据库中；登机时，通过1∶N的人脸识别技术，将乘客信息与库中的信息进行核对，确认登机信息。这既确保了安检通关的安全性，同时进一步提升了旅客的通行效率，并减轻了机场人力资源的紧张和繁重压力。“人脸登机”使智慧交通跳出了道路的范畴，大大推动了智慧交通的发展，进一步加快了交通信息化、智能化进程，为人们的智慧出行提供了更多可能。

南阳机场使用“人脸登机”现场

除南阳机场外，目前百度还与首都机场、美兰机场、白云机场等达成深度合作，持续推进民航业智能升级。如，2017年8月百度与首都机场签署战略合作协议，双方将在机场智慧运行、智慧安全与经营管理、信息化能力建设等领域展开合作，推进民航机场在智能化、自动化方向的升级。目前，百度AI机器人与首都机场的合作已经实施，将在机场承担信息咨询的职责。百度人脸闸机已经入驻首都机场运控中心进行测试，主要承担楼内办公人员的出入打卡、数据监测的工作。

二、人工智能+医疗

人民健康是民族昌盛和国家富强的重要标志，同时也是广大人民群众的共同追求。医疗健康事业带给人民群众实实在在的福祉，除了得益于政策的支持，也离不开科学技术的进步。近几十年来，在信息科技的推动下，医疗健康事业不断取得新突破。信息化浪潮推动医疗领域经历了数字医疗、互联网医疗两个阶段的变革。数字医疗将依赖于纸、胶片等介质的业务和管理信息电子化，有效节省了人力、时间与空间成本，降低了出错比例，提高了诊疗效率；互联网医疗通过把医院的部分业务流程以互联网为媒介对外开放，形成医疗资源供给和病患需求的即时对接，大大提升了就医满意度。电子化、互联网化使医疗资源配置不断优化升级，医疗服务水平显著提升。

但是，老龄化不断加剧等问题与人们日益增长的医疗健康需求对医疗行业提出了更高要求。国家统计局统计数据显示，2017年全年共出生人口1723万人，比2016年减少63万人，出生率为12.43‰，2016年这一数据为12.95‰，全国出生人口数量和人口出生率双双下降。2017年，全国人口中60周岁及以上人口24090万人，占总人口的17.3%，其中65周岁及以上人口15831万人，占总人口的11.4%。60周岁以上人口和65周岁以上人口都比上年增加了0.6个百分点。中国人口的老龄化程度正在加速加深。此外，看病贵看病难、药价虚高、过度医疗、医患关系紧张等问题凸显；优质医疗资源不足、成本高，医生培养周期长、误诊率高等不足掣肘医疗行业深度发展；慢性病逐渐成为主流，人们健康意识提升，也给医疗健康服务带来新考验。

迎接新考验、满足新需求，需要寻找新技术与新动力。2017年7月国务院印发《新一代人工智能发展规划》，指出加速人工智能与医疗行业深度融合，推动人工智能在医疗领域广泛创新与应用，为公众提供个性化、多元化、高品质服务。规划提出，推广应用人工智能治疗新模式新手段，开发人机协同的手术机器人、智能诊疗助手，推进医药监管智能化，研发健康管理可穿戴设备和家庭智能健康检测监测设备，建设智能养老社区和机构，加强老年人产品智能化和智能产品适老化等一系列措施，为人工智能产业在医疗领域发展指明方向。

人工智能正在给医疗健康行业注入强大动力，IBM、谷歌、微软、百度、阿里等国内外企业都开始对医疗领域进行布局，相关研发与应用涉及辅助诊疗、医学影像、药效挖掘、精准医疗、健康管理等多个方面。伴随人工智能的发展热潮，未来医疗行业也将朝着智能医疗阶段迈进。

人工智能促使医疗行业出现更加专业化、精细化的分工，可以有效地将医务工作者从大量诊疗服务中解放出来，使医务工作者走向复杂度更高、服务更细致的岗位，从而改善优质医疗资源供不应求的问题，提升诊疗效率，降低误诊率，减少风险事故发生，从根本上提升医疗供给端的服务能力。在医疗资源分配方面，通过建立人工智能“云端”诊疗平台，实现病患分级治疗，合理配置医疗资源，促进基本医疗卫生服务均等化。在药品研发和测试方面，人工智能有助于实现药品自主研发、筛选与安全评估，可以有效提升医药生产效率，降低直接在动物或人身上试药的风险。在智能辅诊方面，系统利用深度学习算法，可以习得大量医疗知识和经验，进而辅助医生诊疗或是加快医生培训速度。在慢性病防控和健康状况监测方面，人们可使用智能医疗软件，监测自身健康状况，通过语音识别等技术与智能医疗助手进行实时沟通，获取健康诊断、养生知识、保健建议等信息，从而达到预防或调理慢性疾病、预警重大疾病突发事故、尽可能避免突发性疾病导致死亡的目的。庞大的社会医疗数据还有助于“机器人医生”的医术更加纯熟，从而帮助解决部分看病贵、看病难和养老护理等问题。

人工智能为智能医疗产业带来了足够的惊喜，让医疗产业链条得以进一步优化，并让行业走向更高效率与更高层次，智能医疗的未来更加值得我们期待。

案例一

人工智能医疗影像辅助诊断系统

据统计，全球肺癌的发病率和病死率继续高居各类恶性肿瘤之首。尽管肺癌的诊治技术在不断提高，但大多数病人是在出现临床症状时才就诊，而且临床症状多不典型，被发现肺癌时多为中晚期，目前仅有 10% 的无症状患者能在早期阶段被发现，获得根治机会。我国是烟草消费大国，空气污染亦较严重，肺癌发病率持续攀升，因此对肺癌的早期筛查刻不容缓。肺癌常规筛查手段包括X线胸片检查、痰细胞学检查以及血清肿瘤标记物检测等，但这些筛查方式受敏感度及特异度限制。胸部CT特别是低剂量CT对肺癌高危人群进行筛查的应用价值越来越受到临床医生和患者的重视。面对越来越多的胸部CT影像检测申请，越来越薄层的胸部CT图像，临床医生和影像科医生在繁重的工作量下，如何保证不漏诊肺部结节和肿块、不误诊良恶性质以及癌变可能性，如何保证不同级别的医院影像诊疗水平的均质性，是肺癌早筛领域需要解决的问题。

在此背景下，依图科技提出建设"基于胸部CT的人工智能肺癌早期诊断系统"。该系统依托人工智能算法强大的影像处理能力，利用深度卷积神经网络算法，通过对海量人工标注的胸部CT影像数据中的肺结节和肿块进行特征提取和分类学习，自动检出毫米级别的肺结节、数厘米的肺部肿块，并作出肺癌发生相关的良恶性分类判断，从而助力实现肺癌的早期筛查。

• 依图"人工智能肺癌早期诊断系统"对医疗的辅助作用

依图"人工智能肺癌早期诊断系统"采用深度学习、计算机视觉、自然语言处理技术，通过对肺部可疑病变进行精准定位，定量分析其体积、形态、纹理和位置，并结合主要病史以及历史记录、病理检查、基因检测，充分利用影像组学与其相关临床信息，为医生发现、定性、跟踪以及治疗早期肺癌提供全方位辅助。

一是有助于肺结节或肿块的识别和良恶性判定。通过专业医生对胸部CT影像数据的标注结果，结合病理报告、基因检测报告，通过人工智能机器学习的方式进行影像组学分析，即定量描述肺部结节和肿块的体积、长短径、轮廓、纹理、密度，并定量评估相应的病理分型、基因分型的可能性。

二是有效对比历史影像，建立肺癌患者胸部CT整合图像及相关临床信息的数据库。该系统对患者胸部CT图像的历史记录进行肺结节或肿块的检测和性质评估，而后自动匹配，测算出同一结节或肿块的倍增时间等参数。这更符合临床场景中医生需要综合多次历史记录的影像对病患进行诊断的需求。

三是高效匹配相似病例。通过对肺癌的临床数据特征进行匹配，包括病史及影像等数据，在肺癌患者数据库中找到与目标病例图像和病史相似度最高的病例（而非同一患者的历史病例），以便临床医生参考诊断及治疗方案。

四是形成诊疗建议。根据AI识别的患者图像及病史等特征，匹配最新指南，给出针对性的随访建议以及治疗建议。

该系统实现了以下三方面技术性能指标：一是3mm以上肺结节及肿块检出敏感性>99%、特异性>95%；二是肺结节的良恶性判定敏感性>90%、特异性>95%；三是单例胸部CT影像（>200幅）识别时间不超过5秒，病灶肺叶定位准确率>95%，肺段定位准确性>75%。

● 依图“人工智能肺癌早期诊断系统”的创新特点

依图“人工智能肺癌早期诊断”系统在多方面实现创新。第一，人工智能肺癌影像组学的应用取得突破性进展。影像组学是新兴的一门以定量成像技术为基础的学科方向，它利用了若干影像特征，直观、定量地描述了医学影像中病灶的形态和病理特征。影像组学已经被广泛用于对不同疾病病灶的研究，其中以肿瘤病灶研究较多，这些研究应用也构成了精准医疗的基础。但是更科学、更准确、更标准的特征提取方法和挖掘各层信息的手段是影像组学的难点。依图“人工智能肺癌早期诊断系统”致力于人工智能机器学习、计算机视觉等技术与影像大数据的结合，大大提高了图像特征提取的效率和准确性，突破了影像组学在肺癌研究中的难点。

第二，人工智能为病史数据挖掘带来新变革。临床数据中，病史资料占了很大的权重，但非结构化的数据属性，导致了数据难以挖掘。依图“人工智能肺癌早期诊断系统”利用先进的自然语言处理技术，自动提取肺癌患者临床病史特征。

第三，肺癌患者AI数据库的建立。传统的患者数据库，需要有经验的医生护士人工识别寻找临床相关的数据，特别是遇到图像或病史等非结构化数据要耗费大量的医务和科研资源。基于AI影像组学和NLP的技术，把这些数据都结构化整合起来，为患者病例匹配和医学的科研提供了极大的便利。

目前，依图胸部CT智能辅助诊断系统已经进入上海的肿瘤医院、同济医院、胸科医院等顶级三甲医院以及全国多家三甲医院的临床医生的日常工作流程中，其智能产生的肺部结节识别报告临床采纳率超过90%，并在持续升级迭代。该系统实现了在正确识别肺部结节与肿块基础上，提高对肺癌早期识别和判定的敏感性及特异性，从而减少小结节等早期病变的漏诊，减少因经验差异、影像表现相似导致的误诊；减少了阅片诊断在工作中的时间占比，大大减低了医生的工作量，提升了工作效率，从而达到精准诊疗的目的。

人工智能的发展正有力地推动着智慧医疗取得突破性进展。依图科技针对肺癌早期筛查的智能影像诊断系统成为国内最早应用于临床的人工智能辅助系统，其依托人工智能技术所建立的影像人工智能平台，在实现核心的肺癌筛查能力之外，为更多的病种（如乳腺癌、前列腺癌等）的筛查，提供了一个通用的研发框架。

案例二

IDx-DR 鉴别眼科疾病

2018 年 4 月 11 日，美国食品和药物管理局（FDA）批准了由美国爱荷华州 IDx 公司和爱荷华大学合作开发的人工智能糖尿病视网膜病筛查软件：IDx-DR。该软件基于眼底照片，可以检测成年糖尿病患者糖尿病视网膜病变症状的严重程度，并提供是否需要转诊的检查建议。

IDx 公司由一群知名的临床科学家组成，拥有多项与 OCT（眼底断层扫描仪）相关的专利，并专注于医学诊断的临床算法研究。IDx 公司开发了第一个用于诊断糖尿病病变的技术 IDx-DR，此外，还开发了能检测心血管疾病、中风风险、黄斑病变和阿尔茨海默病的算法。

糖尿病视网膜病变是一种微血管疾病，由于血糖控制不佳，使视网膜微血管受损，在糖尿病患者中属最常见。如果可以及早发现糖尿病视网膜病变，可以预防视力被弱化，甚至预防失明。

IDx-DR软件使用人工智能算法自动检测用视网膜照相机（Topcon NW400）拍摄的眼底图像，由基层医院非眼科专业的医护人员即可操作。IDx-DR软件部署在云端，基层医护人员采集成年糖尿病患者分别以视盘、黄斑为中心的双眼眼底照片后上传至该软件，若眼底照片图像质量符合要求则软件给出分析结果。

IDx-DR检测糖尿病视网膜病变

● IDx-DR操作方法

首先，护士或医生会上传用特殊视网膜照相机拍摄的患者视网膜照片，并上传到安装了IDx-DR软件的云端服务器。软件算法首先显示上传图像的质量是否足够高，能达到通过图像获得结果的要求。如果图像画质合格，该软件可向医生提供两种结果：一是发现轻度以上的糖尿病视网膜病变，将结果告知眼科医生，由医生进行进一步的诊断评估和可能的治疗；二是

未发现轻度以上糖尿病视网膜病变，则改为推荐患者 12 个月内复查。（见图 5-1）

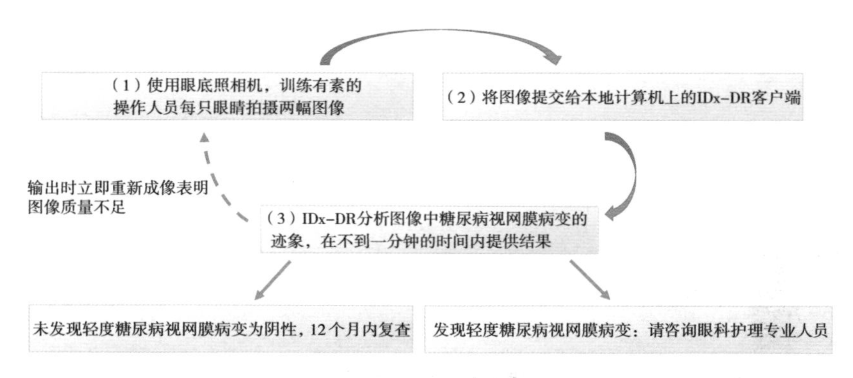

图 5-1　IDx-DR 的操作过程

IDx-DR 的独特性在于自动运转，完全无须专家在旁。任何人只要接受 4 小时训练就会使用 IDx-DR，让视网膜病变筛检成本大幅降低。更重要的是，这套算法执行时间只要 20 秒，整套系统也只要花几分钟，就跟量血压一样简单。

美国 FDA 选取了来自 10 个初级保健站点的 900 名糖尿病患者的视网膜图像的临床研究数据，旨在评估 IDx-DR 在检测患有轻度糖尿病视网膜病变的患者的准确性。根据该 900 名糖尿病病患的临床试验，IDx-DR 正确检测到糖尿病视网膜病变的准确率为 87.4%，正确识别无病患者的准确率为 89.5%。

三、人工智能 + 教育

党的十九大报告指出，建设教育强国是中华民族伟大复兴的基础工程，必须把教育事业放在优先位置，深化教育改革，加快教育现代化，办好人民满意的教育。著名教育家叶圣陶先生提出，“教育是农业，不是工业”，“所谓办教育，最主要的就是给受教育者提供充分的合适条件，让受教育者自己发育自己成长”。个性化、精准化教学无疑可以大大优化教育资源配置与教育效果。

人工智能与教育产业的融合与发展，是实现个性化、精准化教育的重要途径。人工智能从诞生起就与教育紧密相关，其实质是研究让计算机接受教育、提高智能的科学技术，其研究成果又可以反过来应用到教育领域，提升教育工作效率。目前，人工智能在教育中应用较为广泛的领域主要包括：自适应/个性化学习、虚拟导师、教育机器人、基于编程和机器人的科技教育、基于虚拟现实/增强现实的场景式教育等。在这些领域研究的基础上，人工智能教育产业正如雨后春笋般蓬勃发展，如：科大讯飞的畅言智慧校园、上海易教的智慧课堂系统、浙大万鹏的智慧云课堂，还有百度教育、腾讯教育、网易教育、沪江网校、作业帮、猿题库、乐学高考、超级课程表等。人工智能与教育产业的深度融合，可以有效促进教学过程的个性化，推进教育资源的均衡化，建立以学习者为中心的教育环境，提供精准推送的教育服务，实现日常教育和终身教育定制化。

未来的时代是智能时代，未来的教育是智能教育，重视人工智能在教育领域的应用，对我国未来教育发展有着重要意义。此外，为更好地寻找人工智能与教育的契合点，应促进人工智能技术人员与教师的合作，提高教育管理者和教师的数据素养，培养学生的计算思维能力，为更好地应对未来做好准备。

案例一

好未来 WISROOM 智慧课堂解决方案

“教育兴则国家兴，教育强则国家强”，习近平总书记一直反复强调教育对社会发展的重要性。人才是国之重器，教育则乃国之根本。随着科技的不断发展和精进，人工智能技术对教育行业的影响曙光乍现，大批公司开始探索 AI 与教育的融合路径。正是因为人工智能技术更容易在教育行业里实现落地，且兼具有利的政策环境和自洽的产业发展逻辑，因此，“人工智能 + 教育”迎来了非常有利的发展局面。

基于海量的教育数据和丰富的教育场景，好未来 AI Lab 对 AI 赋能教育进行了持续探索，并拥有了阶段性成果，目前已将视觉、语音、自然语言处理、机器学习等多项技术进行产品化应用。从量化课堂教学过程、辅助老师教学、激发学生课堂兴趣和智能交互式在线教育等多个维度进行了突破，打造了“WISROOM 智慧课堂解决方案”等行业领先的创新产品。在提升教学效率、优化课堂体验、促进教育公平等方面提供了有效助力。

• WISROOM 智慧课堂解决方案——AI 融合教育

“WISROOM 智慧课堂解决方案”重新定义 40 分钟的课堂，以 AI 赋能教育，辅以脑科学研究成果，共享优秀师资，给予每位学生个性化的关注与互动，同时提供基于课堂过程的教学效果智能评测与反馈，从而真正实现“专属于每个班级的好老师、专属于每个学生的个性化关注”，将教育资源普惠价值最大化。

作为一套完整的智慧课堂解决方案，“WISROOM”基于双师模式将“学”和“习”进行拆解，课堂上由主讲老师带领，课前预习、课后答疑等“习”的环节都由辅导老师完成。“WISROOM”能通过直播将优秀的师资输送到不同区域的每一间教室；借助摄像头、答题器等硬件设备，利用人脸识别、语音识别、姿态识别等技术量化课堂过程，并与优秀课堂的专家模型进行拟合，对课堂教学过程进行科学评测及反馈；结合一系列可自由组合的课堂互动组件，借助AI的能力给予学生个性化的关注和互动，将老师从繁杂、重复的事务性工作中解放出来，得以钻研更多“育人”技能；同时，将具有丰富教学经验的教研团队精心打造的优质的授课内容开放给每一个教学机构，让每一个孩子享受到优质的教学资源。

好未来 WISROOM 课堂互动示例

“WISROOM”借助AI释放产能，平衡人效与个性化关注的矛盾点，让优质的教学内容、个性化的关注与反馈，和高人效实现在同一个课堂中。“WISROOM”通过技术助力，解决教育行业中优质资源较为稀缺和因材施教难等痛点，使得最优质的课程能精准有效地普惠到更大规模的学生群体。

- WISROOM 智慧课堂解决方案的优势

1. 个性化关注与课堂体验

“WISROOM”对课堂进行有效的分解，根据实时的课堂过程反馈，利用 AI 技术实现个性化关注与互动。如：某个学生的注意力分散了，人工智能会通过他/她的面部表情、姿态等分析出信息，提醒老师对其进行关注，将其注意力唤回到课堂中；当学生们的专注度下降了，老师可以调优授课策略，采取更有效、有趣的授课方式；某个学生课堂过程长时间未被关注到，WISROOM 可能会“聪明”地根据产品策略与学生进行科学的问答互动等。

2. 智能化的课堂评测

WISROOM 智慧课堂通过摄像头、答题器和拾音器等前端设备，借助人脸识别、语音识别、骨骼与姿态识别等人工智能技术对课堂进行量化分析。通过回答问题正确率、课堂专注度等指标的量化数据，给予老师科学有效的反馈，帮助老师进行及时的课中调优和课后复盘。

3. 优质的师资与内容资源

好未来依托多年来教学实践经验与优质师资等教育资源，精心为 WISROOM 设计适合的课程体系，能够为不同地区、不同知识接受程度的学生们推出针对性的教学课件。借助 AI 技术实现对学生多环节学习情况的量化，并基于学生的真实学习情况匹配适合的内容，实现真正的因材施教。如：当将一线优秀老师的授课能力覆盖到不同城市的班级时，WISROOM会借助AI了解不同班级学生的知识接受情况，对于没有熟练掌握某个知识点的班级，WISROOM会匹配知识点的详细讲解方式，而对于已经熟练掌握该知识点的班级,WISROOM会匹配略讲的方式。

● 开放赋能，科技助力教育普惠

作为好未来用人工智能技术赋能教育的应用案例，WISROOM已对教育行业的一些合作伙伴产生了价值，好未来也致力于让优质的教育资源发挥普惠价值，让四、五线城市的学生也能随时随地享受优质的教育资源。

不同于科技公司擅长打造的“泛行业”AI开放平台，一个“教育行业”AI开放平台的打造需要基于丰富的教育应用场景、大量长期的研发投入，及大规模的教育数据积累，才能真正助力教育产业实现以效率驱动的供给侧改革。据此，好未来打造了教育行业首个人工智能开放平台，将以平台赋能的形式助力行业的伙伴们共同抵达未来教育，让AI更好地辅助人类，使老师从繁杂的事务性工作中得以解放；让学生能够科学地、个性化地学习；帮助开发者降低教育行业的从业门槛，提升工作效率；赋能中小企业、机构，帮助他们降低教育行业的入门难度，不被技术拖慢脚步，用更多的精力构建自身壁垒，快速迭代成长。

人工智能在教育场景的应用大有可为。未来，好未来也将结合更多有价值的技术，打造更多元化的开放平台，助力推动教育产业的进步与升级。通过在科技领域的探索，携手推动教育均衡和普惠，助力实现“公平而有质量”的教育。

案例二

“AI+”教育，实现面向教育的制造业转型升级

为解决我国中小学儿童教学质量参差不齐、教育资源不平衡等问题，云知声公司基于“云＋芯”软硬件一体化AI技术，结合SaaS（Software-as-a-Service，软件即服务）和云端内容分发的服务模式，为150多家智能机器人厂商提供了智能教育机器人“交钥匙”解决方案。该方案以AI芯片为核心，在云端和设备端搭载了感知、表达和思考三个关键能力，无须终端厂商投入技术研发和教育内容研制，大大降低了开发成本，并将产品上市周期缩短至1个月以内。同时，由于云知声AI芯片成本极低，仅3至5美元，基于云知声方案开发的智能教育机器人售价仅为300元至1500元不等，具备了向千家万户覆盖的前提。

在感知层面，该方案采用声源定位、远场降噪、本地识别以及云端识别，能够听到并听懂学生语音中蕴藏的信息；在表达层面，通过语音、图像、视频、动作等方式将教学内容传达给学生；在思考层面，通过云端知识分析进行深入的对话意图理解，并结合多终端信息融合和决策、教育知识图谱以及云端能力，将学生需要的学习内容和信息反馈给他们。

目前，云知声智能教育机器人解决方案提供了20多种交互模式，诗词曲库7万余首，超过3000小时的原创精品教学内容。该方案自2017年上市起，产业链下游的150多家设备厂商基于该方案打造的数百款智能教育机器人总出货量超过200万台，实现直接经济效益超过10亿元，而由云知声带动的增量市场——智能教育设备制造产业的间接经济效益达上百亿元。其中最具

有代表性的如下：

位于深圳的传统儿童玩具厂商——小桔灯儿童用品公司，2017年其企业运营状况面临困境。自2017年底采用云知声AI技术生产销售儿童智能机器人“小桔灯”并转型成为智能教育机器人制造商以来，该公司实现了从2017年的1200万元营收到2018年的3000万元营收的跨越式增长。

成立于2009年的新三板上市公司乐源股份，通过与云知声合作，从一家生产液晶显示产品的传统数码厂商转型成为一家具有自主品牌的新型终端科技产品厂商，其基于云知声智慧教育AI解决方案开发的早教机、教育陪伴机器人、儿童手环等新型电子智能产品2018年共为其贡献了超过4亿元营收。

而坊间耳熟能详的AI独角兽公司——北京康力优蓝机器人公司与云知声合作后，由从事机器人步态、动作的研发逐步拓展到中小学教育机器人开发领域，其产品实现了从仅具备观赏

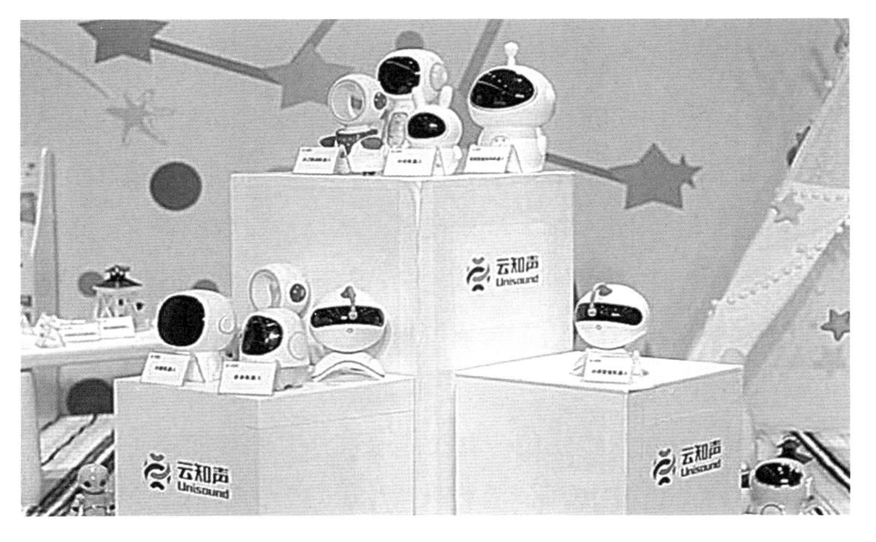

基于云知声AI芯片打造的多款智能教育机器人

娱乐性到具备对孩子的认知、思想、基础教学等教育性的转变。据悉，仅2018年康力优蓝基于云知声智慧教育AI方案打造的一款大IP产品——“Hello Kitty”智能教育机器人，就将为该公司实现每年超1亿元的营收。

四、人工智能＋家居

近年来，随着人工智能技术赋能，智能家居产业迅速发展，产业生态逐步完善并趋于成熟，美好的智慧新生活已成为可能。与人工智能技术的紧密结合，使智能家居由原来的被动智能转向主动智能，甚至可以代替人进行有限的思考、决策和执行简单的任务。“人工智能＋家居”充满了想象空间，人工智能技术的日趋成熟，势必会带动智能家居产业揭开新的篇章。

现阶段，对于智能家居我们已不再陌生，无论是可以通过语音进行操控的电视，还是可以帮人完成清扫工作的扫地机器人，智能家居已逐渐走入人们的生活。对于目前的智能家居产品来说，大多是在消费者通过语音或是操作给出指令后，实现电源开闭以及参数调整等。这样的操作是由使用者主观发起的远程操作，并非智能产品依据环境变化等因素而产生的主观行动。而人工智能所能做到的就是给智能家居装上“大脑”，通过大数据和各类传感器，由被动接受任务转向主动服务。

可以设想一下：家中安装一套功能足够强大的智能家居系统，并且这个系统有一套完整的思维能力可以替你做想做的事情，会给你的生活带来怎样的便利。当你下班回家，门上的摄像头可以识别出你的脸，不用拿出钥匙即可开门。如果到家天色已晚，“大管家”自动开灯，并把室内调节到最舒适的温度。你也可以命令“管家”打开电视，准备一杯咖啡，扫地机器人开始打扫房间，回到家中，你只需要端着咖啡看电视即可。这不是科幻大片，这是人工智能家居规划的蓝图。

在智能家居领域，参与企业众多，既有亚马逊、谷歌、苹果、百度、阿里、小米等互联网企业，也有飞利浦、三星、LG、海尔等传统家电企业，此外，高通、英特尔等芯片企业，中国移动等运营商也纷纷参与其中。

人工智能在智能家居领域最典型的应用是亚马逊推出的Echo智能音箱。Echo搭载了智能语音助手Alexa，作为智能家居中枢，Echo可以按照用户发出的语音指令，实现控制家电产品、预定Uber出行、在电商平台购物等功能。如今，Echo已成为美国家庭中最为常见的智能音箱。根据NPR（美国国家公共电台）和Edison Research（美国知名调研机构）最新发布的一项研究结果展示，约有11%的美国人拥有Echo智能音箱。此外，苹果的HomeKit、谷歌的GoogleHome、脸书（Facebook）发布的“贾维斯”（Jarvis）人工智能管家、百度的DuerOS、海尔的U—home等都是人工智能在智慧家居领域的典型应用。

案　例

百度DuerOS：语音交互开启智能家居新时代

回顾IT时代科技发展的历史，每一次人机交互的更迭都推动了时代的变革。PC时代，人们使用鼠标、键盘与计算机进行交互，微软的Windows桌面操作系统以近90%的市场占有率牢固地确立了市场霸主地位。移动互联网时代，触摸成为人们与平板电脑、手机进行交互的主要方式，谷歌的Android和苹果的IOS成为这个领域最大的赢家。到了人工智能时代，语言正在成为最自然的交互方式。随着深度学习技术的发展，对语音的准确识别，以及对语义的准确理解，让机器理解并执行人类语言指令成为可能，对话式人工智能系统应运而生，并成为未来的发展方向。

对话式人工智能系统的应用潜力巨大，可有效提升产业附加值，推动家居等传统行业实现转型升级。如一台搭载了对话式人工智能系统的国产55寸4K智能电视，虽然在屏幕、显示技术等方面还不能尽善尽美，但新增了通过语音对话来查找影片、搜索资料、点播内容、查询天气、预约提醒等功能，已经可以卖到5500元，达到与国外一线品牌相当甚至更高的价格水平。根据IDC（国际数据公司）研究报告显示，到2020年，对话式人工智能系统在家居领域的渗透率将达到27%。正是看到未来蕴含的巨大市场空间，国内外科技巨头纷纷发力对话式人工智能系统，如亚马逊的Alexa、谷歌的Google Assistant、百度的DuerOS等。

• 百度DuerOS“唤醒”万物，升级传统家居业

2017年国际消费类电子产品展览会（International Consumer Electronics Show，简称CES）上，百度“DuerOS”首次亮相便获得海内外媒体关注，并被业内人士评为“具有划时代意义的对话式人工智能系统”。搭载DuerOS的设备可以让用户以自然语言对话的交互方式实现影音娱乐、信息查询、生活服务、出行建议等功能。DuerOS是百度AI技术的集大成者，在技术、数

据和资源方面处于国内智能语音领域领先地位，具备“听清、听懂、满足”实力的智能语音生态系统。

秉承开放、赋能的合作理念，目前 DuerOS 已与美的、海尔、TCL、联想、VIVO、HTC、中信国安广视、小鱼在家等众多知名企业达成合作，共同推出智能冰箱、智能电视、智能机顶盒、智能视频通话机器人等智能家居产品。

以 DuerOS 与 TCL 在 2017 年的德国柏林电子消费展会(IFA)期间联合发布的对话式人工智能电视为例，用户可以通过语音操控电视，进行影片搜索、信息问答等，真正做到“听清、听懂、满足”用户所求，给用户带来极致的智能电视交互体验。2017 年 11 月，搭载 DuerOS 的 TCL 智能电视获得 2017 中国用户体验创新大赛“精石奖”一等奖，这是 DuerOS 首次获得国家级用户体验类奖项，也是 DuerOS 与 TCL 两大巨头深度合作获得国家认可和用户满意的又一里程碑式的成果。

截至 2018 年 10 月，DuerOS 智能设备的激活数量已经超过 1.5 亿，月活跃设备数量超过 3500 万。DuerOS 平台生态持续扩大，

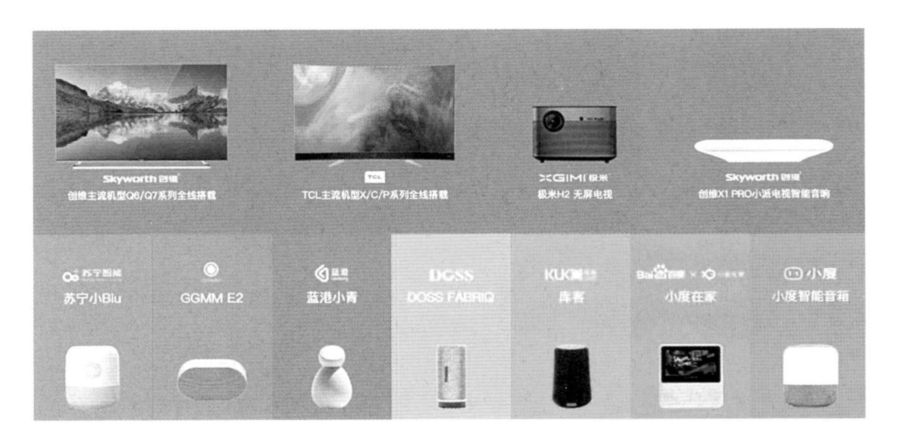

百度 DuerOS 典型应用案例

合作伙伴数量已经超过300家，搭载DuerOS落地的主控设备超过160多款，在DuerOS平台上的开发者群体已经超过24000人，以上三个数据均为国内第一。DuerOS正不断开拓对话式人工智能的落地及应用，并有效、有序地进行产品升级，为传统家居业厂商提供不断优化的解决方案，为用户提供更智能的生活体验。目前，DuerOS已拥有超过800个技能，还能控制超过85个品牌的7000多万个智能家居设备，已逐渐成为家庭控制中枢，正在为人们开启智能生活的新篇章。

● 推进技术创新，打造极致的语音交互体验

在智能语音领域，“听清”“听懂”和“满足”是三大核心要素。

“听清”即语音识别的能力。同时通过麦克风阵列、回声消除、语音唤醒、远场识别来突破语音技术应用的关键瓶颈，目前，百度的语音识别准确率已超过97%。

“听懂”的实现需要自然语言处理（NLP）、多轮对话等能力。百度从搜索引擎时期就开始涉足自然语言处理的研究，已经有十几年的积累，处于全球领先；多轮对话技术领域，百度率先应用了深度学习、增强学习等技术，满足用户不同场景下的个性化需求。如，当用户用语音询问手机百度“今天哪个号限行”，机器会反馈结果，若想继续询问明天的车号，只要说“那明天呢”，机器就可以根据上下文背景给出正确答案。

DuerOS还具有百度全网信息获取与整合积累能力的信息优势，完备的生态及下游资源的服务优势，百度大脑等底层算法优势，致力于“满足”用户的各种需求。2018年3月26日百度发布的国内首款智能视频音箱“小度在家”，搭载了最新的DuerOS系统，融合六麦远场语音、优质音箱、触摸屏、摄像头于一身，在语音对话交互听清、听懂和满足三个方面都有很好的表现，还可满足查天气、问菜谱、播视频、讲故事、看新闻等多种需求。内容资源方面，“小度在家”拥有3000万条短视频、1400万条百科、50万个儿童故事、100万支相声小品戏曲、100万道菜谱、上亿条母婴知识等海量资源。

智能家居时代软硬件的结合会更加紧密，打造“听清”“听懂”和“满足”的基础技术之外，还需要智能硬件厂商、模组方案商、芯片厂商、开发者和内容商的共同协作，百度正通过全方位布局来加速这一进程。2017年3月，百度与紫光展锐、ARM公司、上海汉枫达成战略合作，正式发布了DuerOS智慧芯片，该芯片搭载了DuerOS对话式人工智能系统，将赋予设备可对话的能力。智慧芯片的发布意味着DuerOS正在搭建从硬件到软件的全栈能力，而该芯片的价值在于“三低”——低成本、低门槛、低功耗和“三高”——高安全、高集成、高附加。DuerOS智慧芯片价格仅58元，而搭载了该芯片的智能玩具、蓝牙音箱、智能家居等产品的价值则会大幅提升。目前，DuerOS联合高通、英特尔、联发科、声智等多家国内外知名芯片模组厂商，打造了个人版、轻量版、标准版等多种开发套件，灵活应对各种产品和场景。同时，也推出了带有结构设计、电路板设计、音腔设计的参考设计。百度正通过DuerOS，让每个人都能够以低门槛搭载属于自己的智能语音交互设备。

• 开放DuerOS平台，构建对话式人工智能生态

2017年7月，首届百度AI开发者大会上，百度正式发布

DuerOS 开放平台，即 DuerOS 1.0。它是 DuerOS 为第三方开发者提供的一整套技能开发、测试、部署工具的开放平台，将最大限度地开放技术能力，满足智能语音设备开发者的需求。

DuerOS 开放平台主要包括“智能设备开放平台”及“技能开放平台”两部分。“智能设备开放平台”作为 DuerOS 的能力输出平台，赋能硬件设备以对话能力。“技能开放平台”作为 DuerOS 的能力输入平台，对接个人开发者和内容提供商，丰富 DuerOS 的技能及资源生态。目前，DuerOS 内部已上线的第三方技能涵盖几乎所有的主流领域，并且开发者类型涵盖个人开发者、各领域顶尖企业、“内容大号”、智能设备厂商、AI 平台、中间方案解决商等各行业角色，为每个角色定制设计了最优的接入方式。

同时，DuerOS 启动了“普罗米修斯计划”，包含开放超大规模对话式 AI 数据集、跨学科合作等多种计划，以及提供 100 万美元的基金用以鼓励和培养对话式 AI 领域的优秀项目和人才。

2018 年 7 月 4 日，在第二届百度 AI 开发者大会上，百度发布 DuerOS 3.0，带来划时代的自然对话交互，提供情感语音播报、儿童模式、极客模式、声纹识别、智能引导与纠错等能力，以及包括有屏设备解决方案、蓝牙设备解决方案和行业解决方案等在内超过 20 个跨场景、跨设备的解决方案。面对未来客户的使用需求，DuerOS 3.0 开创了全新的对话式内容服务生态，通过自然的语言交互满足人们的各类需求。比如小朋友说一句“我想学英语”，相应的在线少儿英语平台就会打开，让孩子轻松使用教学技能，爱学敢说。同时，DuerOS 3.0 的最大亮点是在国内率先打通了商业模式闭环生态，开发者可以通过为 DuerOS 增添

新技能等多种途径获取收益。在3.0时代，DuerOS正凭借其强大的技术与生态优势，赋能所有合作伙伴与开发者，让每一位开发者平等便捷地共享新一代人机交互的新机遇。

应用层 智能设备开放平台	有屏设备解决方案		蓝牙设备解决方案
	行业解决方案		
核心层 对话核心系统	情感语音播报		声纹识别
	儿童模式	极客模式	智能引导与纠错
	视觉搜索能力		视频理解能力
能力层 技能开放平台	有屏设备技能	付费技能	技能内付费
	有屏技能协议 / SDK	开发者商户中心	技能支付 API

图5-2 百度DuerOS 3.0整体框架图

未来，百度将与生态圈中的所有参与者一起，赋能各种设备，让所有设备“能听懂”“会说话”，从而“唤醒万物”，加速与传统家居业的融合创新，推动经济转型升级。

五、人工智能+扶贫

当前，我国正处在全面建成小康社会的决胜阶段。脱贫攻坚已经到了啃硬骨头、攻坚拔寨的冲刺阶段。在我国，仍有4000多万贫困人口需要在2020年前脱贫。打赢脱贫仗，让贫困人口和贫困地区同全国一道进入全面小康社会，关系到“两个一百年”奋斗目标的顺利实现。

从2013年至2017年，全国贫困人口每年减少超过1000万人。

2013—2016年，中央财政累计安排财政专项扶贫资金1961亿元，年均增长19.22%，金融部门累计发放扶贫小额贷款2833亿元，帮助近800万贫困户脱贫。经过多年的努力，精准扶贫战略取得了积极成效。与此同时，移动互联网、物联网、大数据、云计算等新技术飞速发展，人工智能浪潮风起云涌，新技术正在深层次助推扶贫工作迈上新台阶。

2016年2月，国务院扶贫办要求各级扶贫部门完善贫困户建档立卡，建设好扶贫大数据平台，打好精准扶贫精准脱贫基础。2017年12月，在《大国·新时代》中国经济报告会上，国务院扶贫办综合司司长、新闻发言人苏国霞在接受采访时说，过去的精准扶贫存在障碍，就是技术障碍。我国近一亿的贫困人口，靠什么力量把他们找出来、记录下来、汇总出来？如果没有现代技术，没有计算机、互联网，这件事想都不敢想。第一次建档立卡全国识别了8962万贫困人口。现代信息技术对扶贫工作提供了有利的支撑。

互联网技术的进步给了扶贫工作一个新的起点，精准扶贫若要取得更大的实效，还需让科技进一步聚焦扶贫工作的“精准性”。以往扶贫工作主要依赖于人工方式，因此难免会出现资金使用缺乏充分科学分析，扶贫对象信息跟踪管理不及时、更新效率低，基层决策方式“一刀切”，扶贫工作范围广、时间跨度大带来的考核与监督工作人力、物力、财力耗费大等问题，对扶贫工作效果与效率造成一定影响。进一步助推精准扶贫战略的有效实施，需要借助人工智能等新技术，解决扶贫工作各个环节信息处理过程中存在的可靠性不足、效率不高等问题。

在人工智能发展的大潮下，推动人工智能与精准扶贫的深度融合、积极贯彻国家精准扶贫工作精神是打赢脱贫攻坚战的重要保障。一方面利用互联网、大数据、人工智能手段搭建包括扶贫对象、扶贫措施、扶贫成效、数据分析、绩效考核等内容的扶贫信息系统平台，对扶贫工作进行精确登记、匹配和评估，用精确、科学的方式来指导精准扶贫，协助进行扶贫对象识别、决策建议、资金统筹、监督管理，实施精细管理、精确瞄准、动态监测，创新扶贫方式，提高扶贫效率，运用人工智能技术做到真扶贫、扶真贫，为精准扶贫注入新鲜的血液。

另一方面，扶贫必须同扶智相结合，从教育着手，从根本上解决未来扶贫问题。习近平总书记指出，让贫困地区的孩子们接受良好教育，是扶贫开发的重要任务，也是阻断贫困代际传递的重要途径。越来越多的企业开始聚焦智能扶贫、智能教育，并为此投入大量资金进行创新研究，推出一系列人工智能产品，如远程教育、在线教育、机器人教育、智能图书馆等。这些人工智能产品实现了优质教育资源的共享，使优秀教师足不出户就可以进行远程授课，帮助贫困地区的年轻人接受良好教育，形成良好信仰。智能教育极大缩小了地区间的教育差距，有效解决了教育资源分布不均衡问题，使贫困地区的孩子们也能够享受到更加公平、高质的教育资源和先进的教学模式，享受到科技进步带来的教育福利。

案 例

人工智能助力教育扶贫

教育扶贫是打赢脱贫攻坚战的重要方面，是改变贫困地区落后风貌的重要内容。习近平总书记曾指出："扶贫先扶志、扶贫必扶智""可以发挥互联网在助推脱贫攻坚中的作用……让山沟里的孩子也能接受优质教育"。互联网企业的资源优势和人工智能等技术优势能够帮助贫困地区更好地提升公共文化服务水平，提供优质文化教育资源，为教育扶贫带来了更多可能性。

百度的"网络扶智计划"，汇集了百度公益、百度教育、百度搜索、百度地图、百度AI、百度云等资源，与安徽省、江西省、黔东南地区、云南省等多地开展合作，探索出人工智能与教育扶贫深度融合的新路径，为贫困地区的师生送去知识、图书、教师、教研和先进科技，用知识帮助他们走出贫困。

● 人工智能技术赋能智慧课堂

“智慧课堂”是基于百度人工智能技术打造的教育平台，拥有百万级的专业知识图谱以及海量优质教育资源。通过“智慧课堂”，教师可免费使用系统内的教学课件，以及百度百科、文库、教育等产品的内容资源。此外，“智慧课堂”还能辅助教师记录和分析每个学生的学习进程和特征，为师生提供智能备课、授课以及个性化学习、VR课堂、AR知识点解析等功能；用AI赋能教育，探索以学生为中心的教学模式，让学生能更快更好地掌握相关知识。学校还可以通过“智慧课堂”提升校园数据互通、资源多端同步、校园本地资源管理、学情智能分析等能力，提高学校资源利用率，便捷校园教师和管理者进行资源管理，实现提升教育水平的目的。

目前百度已经向云南省、贵州省黔东南地区等地的贫困学校捐赠了包含软硬件设施和内容资源的“智慧课堂”平台，还开发了AI课程设计并对贫困地区进行教育培训，致力于提高贫困地区文化教育能力和水平。

● VR博物馆助力弥合教育信息鸿沟

贫困山区的孩子极其渴望学习知识、了解世界，但囿于条件限制，他们无法像城市里的孩子一样随时去博物馆亲眼欣赏历史画卷和精美藏品，对于他们来说，这些代表着人类最辉煌艺术成就、历史知识的博物馆往往遥不可及。

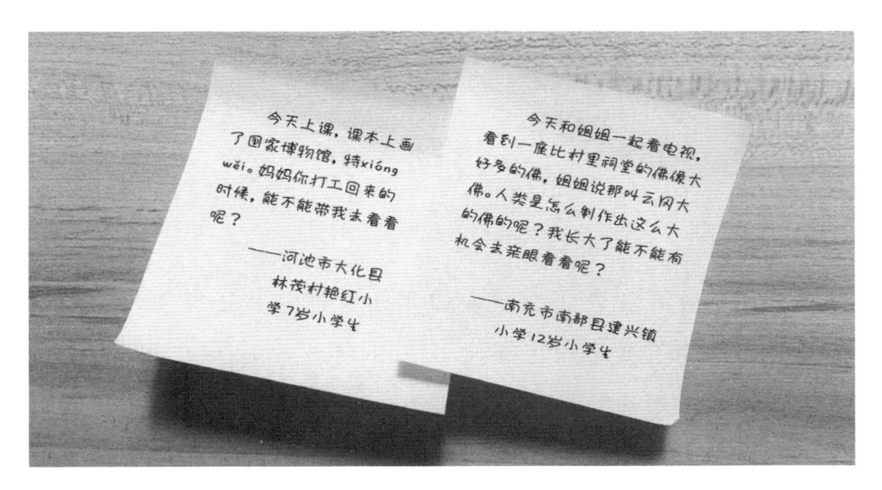

两位小学生的日记

为了打破因地域带来的信息不平等，开阔贫困地区孩子们的视野，百度在数字博物馆的基础上，推出了VR数字博物馆公益项目，将VR设备赠送给数百所贫困学校，覆盖全国32个省（自治区、直辖市）的贫困小学，从世界上最高的小学西藏山南市雪沙乡完小，到祖国西端喀什地区的双语学校，再到井冈山

百度百科数字博物馆

革命老区的红色小学，学生们都可以“实地参观”数十座著名博物馆，通过文字、图片、录音解说、立体 flash、虚拟漫游、高空俯瞰等多种方式，走进各家博物馆，丰富知识和视野。

延伸阅读

2017 年 4 月，文化部印发的《关于推动数字文化产业创新发展的指导意见》提出：深化“互联网 +”，深度应用大数据、云计算、人工智能等科技创新成果，促进创新链和产业链有效对接。提高不同内容形式之间的融合程度和转换效率，适应互联网和各种智能终端传播特点，创作生产优质、多样、个性的数字文化内容产品。

随后文化部发布《文化部“十三五”时期文化产业发展规划》，提出：大力培育基于大数据、云计算、物联网、人工智能等新技术的新型文化业态，形成文化产业新的增长点。围绕文化产业发展重大需求，运用数字、互联网、移动互联网、新材料、人工智能、虚拟现实、增强现实等技术，提升文化科技自主创新能力和技术研发水平等。

六、人工智能 + 文化创意

历史上每一次科技革命都会促进文化的发展产生翻天覆地的变化。

在科技的引领下，1895年出现了电影，1939年美国推出第一台黑白电视机，20世纪50年代出现了最早的计算机网络。当下，以人工智能、大数据、物联网等为代表的新技术正在向文化产业领域渗透，使文化产业的发展出现了新的重大机遇。“人工智能＋文化产业”是文化与科技融合的最新亮点，也将是未来文化科技融合发展的一大趋势。我国频频出台的一系列规划和政策，为文化产业与人工智能的深度融合营造了良好的环境。

（一）人工智能与文艺创作

很多人认为，人工智能不懂什么是美，做不到人类在人文、艺术、美学上面的感性表达，所以文学、编剧、电影之类的文化创意产业还是要依靠人脑。然而，在文化产业领域内，人工智能已大有所为。

我们来读一下这首现代诗，作者微软小冰：

我寻梦失眠
康桥
新鲜的
未经三月之惠风已不追踪
在梦里我寻梦失眠

我是一座长桥
你可以找到我新鲜的爱情
将希望之光投射到你
也不知道是风

这首诗似乎有些晦涩难懂，但又有点似曾相识。其实，作者微软小冰不是人，而是微软智能机器人。微软小冰出版了首部人工智能写作的诗集《阳光失了玻璃窗》，不仅在网络，同时也以实体书的形式在书店发售。

如果说，微软小冰只是在模仿诗歌体裁进行辞藻的堆砌，那么，写稿机器人的出现正在推动媒体业发生改变。如2017年8月8日21时19分，四川阿坝州九寨沟县发生了7.0级地震。十几分钟后，中国地震台网发布了用机器人自动编写的有关本次地震的稿件。稿件内容包括了速报参数、震中地形、热力人口、周边村镇/县区、历史地震、震中简介、震中天气等，共500多字还包括4张配图，写稿机器人仅耗时约25秒就完成了。目前，“写稿机器人”的存在已经不是新鲜事了，如今日头条“Xiaomingbot”、新华社“快笔小新”、南方都市报“小南”等。2017年，百度CEO李彦宏出版的《智能革命》一书，不但封面和正文中的多个插图应用人工智能技术加入了AR效果（用手机扫描可出现视频、图片、声音），而且这本书的序言之一就是百度人工智能平台“百度大脑”自己完成的。

《权力的游戏》全球热播，吸引了众多粉丝。可是剧集和原著更新速度缓慢，让众多粉丝望眼欲穿。“权游”铁粉软件工程师扎克（Zack Thoutt），创造了一个人工智能系统，将现有5卷、共5376页文字全部输入系统，用“机器学习”从之前的原著中“汲取精华”，自动“续写”，对接下来的情节作出预测。虽然人工智能的创作肯定比不上作者的原创，但AI撰写的语句易于理解，部分情节的预测甚至和粉丝们的推测不谋而合。

（二）人工智能与旅游服务

随着生活品质的不断提升，人们对旅游的热爱程度也在不断攀升，旅游成了人们休闲娱乐的一种方式，甚至成了一部分人的爱好和追求。我国 2018 年上半年国内游客人数达到了 28.26 亿人次，比 2017 年同比增长了 11.4%。节假日，各大著名景点人头攒动，如何更好地在游中有所学？各种人工智能旅游助手成为了游客们的“私人导游”。

据韩国奥组委官方公布，韩国平昌冬奥会期间，中国赴韩游客已达到 60 万人次。面对人数众多的中国游客，中元天和信息技术服务中心携手 AI 导游和康辉旅行集团共同打造了一款带有人工智能导游的共享单车——T-bike。要在平昌冬奥会 3 大区域、13 个场馆中及时赶到该去的场馆看心仪的比赛，对游客来说还真不是一件容易的事情。当异国游客都在为了出行着急时，你只需用手机扫一扫，就能获得一辆带有手机支架的 T-bike 共享单车，在其应用中集成了带有语音对话功能的人工智能导游，您只要轻轻松松跟着手机导航，就能穿行在各大场馆之间。一路上经验丰富的人工智能导游将各个场馆的信息以及冬奥的来源和故事一一道来。同时人们还可以通过与智能导游对话，迅速了解平昌的各种游玩及美食信息。

（三）人工智能与娱乐生活

人工智能技术在娱乐生活领域也有广阔的应用空间，当人工智能与娱乐生活相融合时，人们会获得全新的娱乐体验。

在 2018 年的《中国好声音》节目中，有一位选手用人工智能技术改编了周杰伦的《止战之殇》，他表示这是基于一种“深度学习”的算法，人工智能学习了华语乐坛几千首作品，可以无限创作歌曲。

电视剧《泡沫之夏》一经播出便受到了广大网友的喜爱，尤其是剧中女主角“夏沫”的扮演者张雪迎更是热度很高，获得网友的好评。

不少用户评价“张雪迎就是我心中的夏沫”“夏沫这个角色很适合张雪迎”。张雪迎的出演归功于爱奇艺AI智能选角系统“艺汇”。“艺汇”是一个将演员与人物角色精准匹配的系统，它可以将剧中所需角色的外貌、性格等信息形成角色标签，并将角色标签与海量演员的信息进行智能匹配，为导演选角提供决策支撑。《泡沫之夏》中的“夏沫”就是这样诞生的。在电视剧筹拍阶段，将女主角夏沫的剧本人物小传输入“艺汇”，依托强大的语言处理技术，系统将人物的复杂信息简化为“独立自主”“隐忍”“霸道总裁”等鲜明、通俗的角色标签。基于角色标签和艺人标签的相似性、关联性，人工智能计算匹配出了数位适合“夏沫”的艺人。最终，“艺汇”综合艺人全网的搜索指数、影片获奖情况、角色上映后的口碑等多种数据特征，确定由张雪迎出演“夏沫”一角。

（四）人工智能与文化营销

当人工智能技术应用于文化营销，能够放大整体营销效果，激发营销潜能，为文化产品的推广增光添彩，最大程度地发挥其溢出效应。

2016年，百度利用“百度大脑”为电影《魔兽》运作营销，精准定位目标人群，从而提升票房收入。利用用户画像等人工智能技术将潜在的电影观众分为三类：一类是一直追随“魔兽”的死忠粉，这类人群即使没有宣传也会去追这部电影；另一类是摇摆人群，也就是可能多少知道一点“魔兽”，但兴趣不强，对于电影可看可不看，其电影消费意愿极具可塑性；还有一类就是毫无兴趣，任你宣传得天花乱坠也不会看的人。其中，摇摆人群就是电影宣传的目标人群。因此，影片方就根据人工智能的这种分类及定位设计推广方案，根据目标用户的特性，抓住摇摆人群的眼球，使其潜在的消费需求转化为现实。

（五）人工智能与历史文化

技术的进步给历史文物的复原带来了更多可能，尤其是人工智能技术有很大的发挥空间。百度借助自身在人工智能方面的技术积累，利用增强现实、虚拟现实、手势交互、设备感应、图像算法等技术，让更多人感受和了解到历史文物的魅力和价值。

如百度与秦始皇帝陵博物院合作，实现了破损兵马俑的“复原”，以及相关文物的信息智能化展示。游客通过手机百度 AR 功能扫描兵马俑二号坑“平面布局图”“跪射俑灯箱”“铜车马结构图”三个触发物，即可亲眼看到“活起来”的兵马俑等文物。百度还曾利用人工智能等技

VR 复原兵马俑

术实现北京九大城门“复原”，利用100年前老照片“唤醒”城市记忆，再现老北京当年的民俗生活。

2017年10月，党的十九大召开前夕，百度与延安市委、市政府联手上线梁家河数字博物馆，共同探索人工智能解读红色密码、传承红色文化的新形式。梁家河数字博物馆采用全景、VR、AR等先进技术，通过全景展示、实景模拟、语音导览、互动分享、中英双语等特色功能，为网民提供丰富生动的线上游览体验。广大网民可以通过互联网身临其境，踏寻知青足迹，追忆峥嵘岁月，追寻领袖初心，在喜迎党的十九大的热烈氛围中体验AR+红色之旅。

非物质文化遗产是人类的“活态灵魂”，承载着独特而丰富的文化意识和民族精神。一直以来，我国有大批优秀的非物质文化遗产难以让大众感知，同时也有很多人希望了解这些长久流传下来的文化精粹。百

梁家河博物馆VR全景

度旗下公益品牌“非遗百科”结合用户的需求痛点，通过图片、视频、音频、AR、VR等多种形态展现、记录优秀的非遗项目，目前共推出26期国家级非遗专题，收录非遗词条1379个，让近30位传承人在互联网上展现了精彩的非遗技艺。

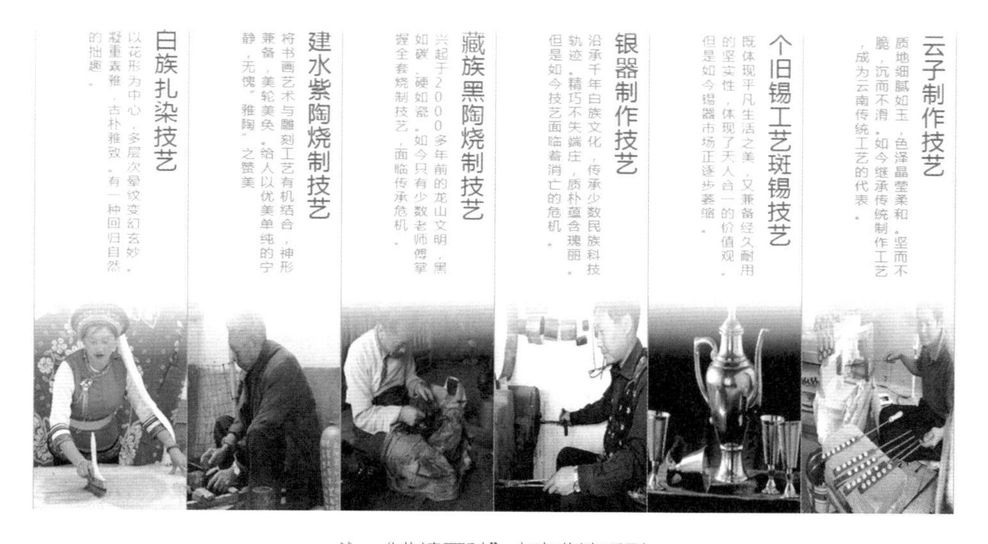

“非遗百科”点亮非遗系列

第六章

人工智能提升政府治理现代化水平

人工智能正在发起一场改变政府运作方式的革命。一方面，通过自然语言分析、语音识别、信息收集辅助与智能筛选等技术，构建人机交互查询系统、自助服务系统，目前已经应用在各地政务服务当中；另一方面，人们已经在通过深度学习技术辅助解读海量的政治经济信息及其内在逻辑，预判社会系统的诸多变化趋势来辅助公共政策决策。人工智能技术革命正在为政府治理提供新数据、新手段和新方式，优化决策、提升效率、提高百姓满意度，助力政务服务实现“一网通办”和企业群众办事“只进一扇门”“最多跑一次”等目标，显著提高政府治理现代化水平。

一、人工智能在政府管理中的运用

在网络信息技术的驱动下，政务服务和政府决策的方式及理念不断发展：从早期的“数字化”时代，逐步迈向今天的“智能化”时代，从“以政府为中心”到今天“以每个老百姓为中心”。面对智慧技术高度集成、智慧产业高端发展、智慧服务高效便民的背景和需求，科学化、智慧化、服务型政府应运而生。

（一）从“电子政府”到“智慧政府”

20 世纪 80 年代以来，伴随信息化浪潮，为了应对行政效率低下、财政危机和信任危机等多方面问题，美、英等国开始推广电子政务。在电子政务发展的初级阶段，主要通过建立政府网站、引入管理信息系统和办公自动化系统（OA），逐渐建立公民事务在线处理和信息交流平台。1999 年，中国电信联合 40 多家部委的信息主管部门，共同倡议发起了政府上网工程，利用计算机硬件、软件、网络通信等设备，进行政府信息收集、传输、加工、储存、更新和维护，推动各级政府部门开通自己的网站，打下了政府系统信息化建设的坚实基础。这一阶段电子政务的主要任务是把“物理”的政府文件转变为“电子”形态放在网上向公众传达，是一种单向性信息沟通方式，具有封闭性、延时性、静态化等显著不足。

进入 21 世纪，互动化、服务化、开放式、有序化的新一代政府管理模式兴起，以服务公众需求、促进政务公开、推动平台整合为主要特点。美国于 2009 年 1 月率先提出开放式政府计划的战略构想，并出台《电子信息自由法令》《电子政府法》《阳光政府法》等法律推动此战略构想的落实。以透明、参与、协作为核心原则，要求政府部门在政府网站上开放数据、建立公众反馈机制，对公众开放信息的要求进行及时处理；建立数据质量规范，定期报告数据质量；要求各部门制订数据开放计划，建立评估开放工作效果的指标，建立相关创新激励机制等。当前我国的电子司法档案、电子培训、电子身份证、电子税务、电子采购及招标等系统，均是这一阶段电子政务的成果，通过网上服务建立起政府部门之间、政府与公众、政府与企业的网上交流通道。

今天，随着大数据、云计算、物联网、人工智能等新一代信息技术突飞猛进，“智慧政府”开始出现。美国 IBM 公司认为，“智慧政务”的目的在于“实现政府内部业务系统之间以及与外部（横向与纵向）业务系统各职能部门之间的资源整合、流程重置和系统集成，提供给市民及公司便捷、优质、低成本的一站式服务，实现跨职能部门的业务联动、网上行政监察和法制监督系统的透明、廉洁、高效运行”。当前新一代信息技术手段已经可以实现对现实世界运行系统行为更透彻的需求分析、更海量的实时数据获取、更互联互通的运作系统，“智慧政府”时代的电子政务逐步向“服务与管理的系统集成化、业务全面化、服务无缝化、应用整合化、信息安全化、个人资料私密化、政务架构简洁化、决策协同化与敏捷化”发展。例如“政府信息资源系统”“城市运行监测系统”“社会保障系统”“公共安全监管系统”等，在每个专业领域将管理和服务融于一体，政府、公众、企业、城市、自然、产业等不同维度的主体可在其中实现高效、优质、透明、全方位的全时互动。

延伸阅读

2017 年 7 月，国务院印发《新一代人工智能发展规划》，提出：围绕行政管理、司法管理、城市管理、环境保护等社会治理的热点难点问题，促进人工智能技术应用，推动社会治理现代化。开发适于政府服务与决策的人工智能平台，研制面向开放环境的决策引擎，在复杂社会问题研判、政策评估、风险预警、应急处置等重大战略决策方面推广应用。加强政务信息资源整合和公共需求精准预测，畅通政府与公众的交互渠道。

（二）人工智能将成为政府的“秘书”与“顾问”

一项德勤公司的人工智能研究报告显示，与1917年政府雇员在文书工作上花费大量时间一样，2017年美国州和地方一级政府雇员平均每周花费53%的时间在文件资料工作上，也就是说，地方政府公务员每天大概有一半的时间在做简单重复的文字工作。另一项研究调查中，美国科罗拉多州公共事业部对儿童福利工作进行跟踪，发现工作者在文件和行政管理方面花费了37.5%的时间，而与儿童及其家属实际接触的时间只有9%。

事实上，这些简单重复的文书工作已经完全能通过人工智能技术操作完成。如翻译工作，可先由人工智能系统进行翻译，之后再由专业翻译人员润色处理。在联合国，机器人可以在会议现场实时翻译，随后交由专业翻译人员校对，便可以迅速向世界各国媒体发布。世界知识产权组织为专利文献翻译开发的人工智能软件，可以将有着32种技术领域、7000万项国际专利的数据库，按需翻译成更加自然的语言。目前已支持英语、阿拉伯语、汉语、韩语、法语、德语、日语、葡萄牙语、俄语和西班牙语十种语言的自由转换。

除翻译类工作，人工智能在下面这些领域都有了出色表现。如机器人写稿，现在新华社已经正式推出了“快笔小新”机器人记者，在体育赛事、财经信息、播报外汇中间价及涨跌幅度的快报和简讯等稿件上，可以实现数据自动抓取、稿件和标题自动生成。再如智能电话应答，透过人工智能系统，部分电话可被过滤并得到回答。公务文书处理方面，以往的文件电子化工作，未来可以交由机器人处理，包括格式化、自动归类、流转、审批、回复、归档、处置等等一些流程。智能筛选与识别应答功能，可以让机器人代替政府窗口人员回答各种问题，如美国国土安全部和移民服务局正在使用的人工智能助手“艾玛”，平均每月可回答50万个咨询者提出的问题。人工智能还可以通过语音识别，分担速记员、会议记录工作人员的工作，会议和日程安排也可让人工智能系统安排。

上述案例是人工智能“自动生成”“识别应答”和“接受模糊任务并完成”等功能的一些应用。这些任务要求机器能够识别人类相对模糊的自然语言命令并作出有效应对，然后完成工作。相较于早期“关键字＋搜索”的格式化命令，人工智能可以完成“帮我找到xx方案”等要求，能更广泛地替代传统的、僵化的人机互动形式，以声音、图像、动作多种交互手段，完成人的命令指示。

人工智能“秘书”不仅能够提高政府部门工作效率、提高准确率，还能大幅降低政府运行成本。德勤公司的研究显示，如果借助人工智能执行常规任务，美国政府的工作速度可提高20%，每年可节约9670万小时的工作时间，以及33亿美元的成本。如果加大人工智能投入，甚至可以将工作速度提高200%，并节约12亿小时的工作时间，以及41.1

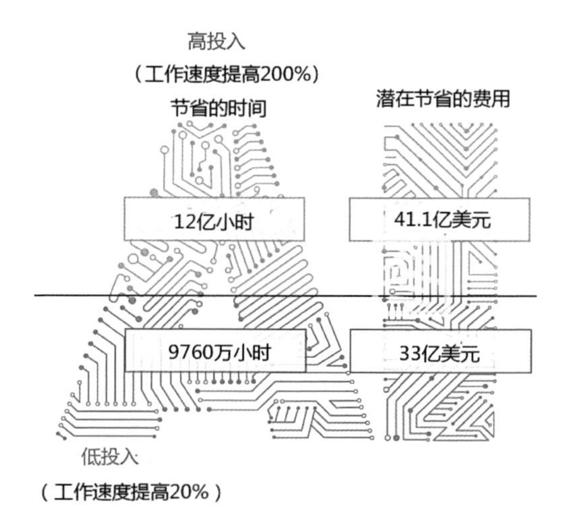

图6－1　人工智能能为政府节省多少财政资金？

资料来源：德勤公司《人工智能强化政府治理》（2017）。

亿美元费用。

当然，人工智能并不只是简单的“智能助手”和“秘书”，还可以成为政府的“决策顾问”。让机器根据环境条件变化自主作出最优行动方案或建议，很大程度上模拟和代替人的思考和行为，例如目前广为人知的“阿尔法狗”程序和自动驾驶系统，都在一定程度上实现了自主判断与决策。

同理，借助人工智能技术，可以实现对政府监管和服务对象的全量分析，并给出相应的分析报告和决策参考方案。人工智能可以胜任社会动态监测、多因素决策、分类分层管理、群体和个人分析、及时预警等过去难以完成的工作，将在承担政府“顾问”的角色上发挥重要作用。

政府公共决策具有涉及机构和组织多、因素复杂、动态性强等特点。传统上，政府人工决策主要基于有限的调研和少量样本的数据收集，难以全面汇总和分析来自各级政府部门、公司企业、社会机构的大量信息，决策效果往往存在质量不高、不科学等问题。

引入人工智能决策支持系统可以有效解决这些问题。智能决策支持系统（IDSS）是人工智能应用发展的一个重要分支，是辅助决策者通过数据、模型和知识以人机交互方式进行决策的计算机应用系统。相较于电子政务初级阶段使用的管理信息系统，决策支持系统可以为决策者提供各种可靠方案，检验决策者的要求和设想，从而达到提高决策水平和质量的作用。

智能决策支持系统可帮助政府各部门收集政务信息资源，再通过人工智能处理技术对各类数据进行整合，能够从高维度的数据中发现深层的关联关系，精准地进行分类、预测和分析，为相关部门提供政府决策的数据支持。一些较为先进的智能决策系统已可以通过汇聚各类行业知识，结合人口、资源、环境、社会、经济等多方面指标构建50余种社会经济发展综合决策模型。可以通过调整政策变量模拟不同政策方案的实施效果，辅助政府制定发展规划，推动政府科学决策水平和决策能力现代化。

对于人工智能决策辅助的实践，英国政府已经作出了有益尝试。目前，英国政府已经设立了政府数字服务小组（Government Digital Service，GDS），通过与数据科学合作联盟（Data Science Partnership，DSP）的深度合作，实现数据在跨政府部门之间交互流动、创新应用、安全管理和决策辅助。在英国政府数据项目（Government Data Programme）当中，人工智能的应用也更加广泛，例如通过卫星图像数据处理可快速获得农业用地结构分析。

2017年，英国政府科技办公室发布的《人工智能技术对于未来决策的机遇与影响》中预测，随着人工智能水平的提高，应用人工智能技术可能会使政府服务在多方面得到优化。通过人工智能技术高效挖掘综合化数据资源，获取公民更加多样化的日常需求以及不同需求之间的关联性特征，可以为公众功能化的需求制定标准化的结构和流程。如为民众定制健康管理、社会保障、紧急救援等方面的个性化服务，能够让现有公共服务更有效率，最大限度优化资源配置。通过人工智能的快速获取信息能力，公务员能够更轻松地使用更多更复杂的数据，从而作出更明智的决策并减少失误；通过数字化或可视化记录决策过程，让政府决策更加透明；帮助各政府部门更好地了解他们所服务的对象，确保向所有人提供及时和充分的服务。可以看到，随着人工智能和数据应用变得越来越主流，将出现各类面向政府的人工智能辅助决策类应用程序，助力政府的办公和决策。

目前智能决策支持系统在我国许多领域都有了运用，例如税务稽查、渔业评估系统、银行风险投资决策、宏观人口预测、社会公共资源配置，等等。其中渔业资源评估专家系统作为早期研发的智能决策系统已在我国东海渔区使用。该系统以卫星遥感渔业分析技术、海洋渔业服务地理信息系统技术和渔情分析专家系统技术为支撑，为海洋渔业生产管理领域提供了先进实用的集成平台。传统渔业资源研究分析过程通常由资料收集、分析计算、专家评估分析、最终应用目标几个部分组成，渔业资源评估专家系统可以根据现有产量、渔获量等数据，利用专家系统中的知识对相应计算模型作出选择，对每年的资源量、最大持续产量、可捕量等与决策强相关的数据进行评估和预测，以报表或图表的形式展示结果，并对计算或预测的结果进行判断和提供必要的解释，提出相应的决策建议。

再如政府人口综合信息库，在我国省一级地方已有相关应用。对省内各厅局人口相关数据进行盘点、归类、加工整合，制定了统一的人口综合数据规范及标准。从人口基础信息、社会资源、法律法规等信息入手，构建跨部门、跨地区的数据共享机制，打造服务政府社会治理和创新公共产品和服务的省级人口综合库。该库可以做到帮助政府以现有人口计划为基础，健全人口动态监测和评估体系，科学监测和评估人口变动情况及趋势影响，提出人口发展政策建议。

根据省级人口综合信息库内置智能决策系统的人口预测模型，可以结合具体业务部门或决策机构的要求，通过调整时间跨度、区域范围等参数，进行在线统计、预测数据、专题分析，并以图表或报表形式呈现。根据政府不同决策方案运行模型得到的预测结果，政府部门可对如何制定人口、教育、医疗、就业等政策方案进行科学调整。

不过，随着政府对人工智能技术的应用与依赖性不断增加，英国政府已经对这一趋势发出警告。英国政府科学办公室提出，在人工智能决策辅助功能应用和法律等相关问题中，数据与科学工具分析“道德准则”的重要性日益凸显。一些复杂和重大事项依然需要人类作出决策，不能完全交给机器，实现自动化。政府应确保人工智能机器决策过程的透明和可归责性，尤其要重点关注人工智能算法本身带有歧视和偏见等分析方法可能带来的社会政治风险，以及未经用户许可的信息收集行为带来的安全风险。

二、人工智能在政务服务中的应用

当前“放管服”改革不断提高行政审批等政府办事效率，各地纷纷提出“最多跑一次”“一天就办好”“前台统一收件、后台分类审批”等办事模式。面对群众和企业日益多样复杂的办事需求，政府部门面临人力资源短缺和素质参差不齐等棘手问题时，通常的解决办法是增加临时聘用、提高待遇、购买公共服务等。

事实上，在政务服务领域，面对企业和群众反映强烈的办事难、办事慢、办事繁，信息化、智能化是解决问题的有效手段。各部门的政策法规、办事指南、信息数据都可以通过标准化梳理，统一到政务服务知识库。再应用人工智能语音识别、智能筛选等技术开发虚拟客服和智能服务，通过文本或者语音的方式获得更拟人化、更自然、更便利的交流、回答和服务。这样不仅可以很好地解决客服人员的服务压力，还可以全天候、多渠道提供精准智能客服，解决人民群众在办事过程中遇到的诉求表达不畅、互动水平低、人工服务响应不及时等难题，大幅改善群众的办事体验，提升回复的准确率和及时率。

除此之外，智能客服的人机交互平台还可以成为政府的“信息收集辅助工具”。当公民与政府进行沟通、咨询、建议等交互行为时，一定程度上为政府传达了大量的有效信息，这类信息通过传统办公人员咨询、解答的模式较难获取，更不易被收集和分析。德勤公司在《人工智能强化政府治理》报告中总结人工智能带来的新技术不仅能够建立一个政务服务助手，实现随时随地解答人们对政务服务的咨询，提供解决方案，也能够将互动结果进行分析，从而有效地协助政府改进政务流程。

此类智能客服或虚拟助手除在窗口部门使用外，还可以应用在政府内部，使人力资源、采购等标准流程自动化，在提高任务准确率和节省成本上拥有显著效果。贵州、成都、广州等地的政务领域，就作出了人工智能政务服务应用的尝试，实现了政务服务体系的“升级”和“重塑”。

显著效果	痛点缓解
• 提高公民参与 • 7×24小时的支持 • 多种语言支持 • 提高关键任务的关注度 • 提高准确率 • 立刻响应 • 节省成本	• 市民等待时间过长 • 人力资源限制 • 预算限制

图 6-2　人工智能参与式应用程序的益处

资料来源：德勤公司《人工智能强化政府治理》（2017）。

案例一

政务大厅里的“萌趣”智能机器人

贵阳政务服务大厅 2017 年引进了智能政务机器人，实现了“机器人＋人工”的全新服务体验，提高了服务效率，降低了人工成本。智能政务机器人主要提供智能化咨询、引导服务，提升大厅服务功能，方便群众咨询和了解办事流程。这个机器人不仅外观萌趣，还是纯“国产血统”，深受办事民众的喜爱。通过自然语言处理和语音交互等人工智能技术，用拟人化的语音沟通方式取代传统按键导航，以综合咨询服务为切入点，引入综合政务智能服务，提高了办事群众网上办事大厅的使用率，减少了工作人员的压力。同时，政务服务中心通过智能政务机器人收集群众咨询问题，快速跟踪办事群众关注焦点，也有利于政府了解社情民意，为政务服务提供指导。

政府还可以根据智能政务机器人在使用中遇到的问题，与开发者展开研讨，结合不同地区政务大厅的工作实际，针对机器人日常对话语言内容、知识库知识量等提出进一步优化的要求。通过对作为初期数据资源基础的行业语义库和人机对话数据进行个性化补充，使机器人更加智能，确保政务机器人在办事大厅更好地为办事群众提供智能化咨询和引导服务。

2018 中国国际大数据产业博览会上展出的智能服务机器人

案例二

人工智能自助服务机实现全流程不见面办理

2017年，成都市武侯区正式上线人工智能无人审批自助服务机。该人工智能自助服务机重大突破在于运用人工智能技术实现简单、业务量大的事项无人审批。目前人工智能自助服务机可以实现基于人脸识别技术的营业执照打印、书函打印、个体工商户登记、企业联络员备案等15种证照的办理，8类通知书函的信息发送，188项审批事项的办件进度实时查询，以及医疗、教育等公共服务、便民服务事项的办理。这台集成了12个政府部门、8种政务服务和6种便民查询服务的人工智能自助服务机，真正做到了从人工手动审批向系统自动审批的转变，实现不见面的全流程网上办理。同时，系统具有办件进度查询功能，让整个办理过程实现公开透明，方便居民了解每个环节的

2018年首届数字中国建设峰会上展出的自助服务一体机

进度，彻底改变了以往居民办事需排队取号、等待办理的流程，提高了办事效率。

自助机自试运行到正式上线，共有4500余个办事群众使用过自助服务终端，打印出3400多份营业执照，同时系统还能够显示剩余执照和副本数量，以便工作人员及时补充。未来人工智能自助服务机在更多地方投放，将有效打破空间限制，围绕新型智慧社区服务体系建设，推动城乡社区治理向政务服务领域的纵深发展，实现智慧服务在区域内的覆盖。

案例三

办好一张营业执照只需10分钟

2017年10月，广州市“人工智能+机器人（AIR）”全程电子化商事登记系统正式启动，现场颁发了广州市第一张全程电子化登记营业执照。AIR的最大突破点是国内首创的“人工智能+机器人”无人审批模式，使商事登记进入了机器人智能审批、刷脸办照的新时代。从申报、签名、审核、发照、公示到归档全流程电子化，实现商事登记“免预约”“不见面”“全天候”“无纸化”“高效率”办理。

在智能机器人终端上，从申报、人脸识别电子签名、智能审核到领取营业执照，全程只需10分钟。用户首先在广州市工商行政管理局官方网站实名注册后，便可进入“全程电子化商事登记系统”页面，在填写相关信息后，系统智能生成标准化表单给客户核对，然后通过“无介质人脸识别”的智能签名方式识别身份。随后机器人进入智能审核系统。如果是普通标准化业务，系统审核时间最快可达2秒确认，再通过智能发照机器人自助打印，营业执照便可到手。相比过去电子化登记办照需1天的时间，在这台自助机上从营业执照申请到入手仅需要10分钟，超额完成了李克强总理所要求的“企业开办时间再减少一半”的目标。

案例四

人工智能“小天使”紧密联结党委、政府和群众

以往，当群众工作委员会接到报案和反馈，传统的处理方法是人工将这些案件分成近千种类型，然后派送到人社、民政、工商等不同部门。贵阳市近期上线了“群工委12345自流程系统”，这是一套人工智能应用系统，通过自然语言分析，能够自动解析群众的文字和语音报案，提取重点关键信息，如内容、时间、地点，根据部门职能实现自动派单，并支持联合执法等复杂场景。系统还拥有机器学习能力，能自动化学习历史案件库，随着处理案件的不断增多，准确率将不断提升。系统上还设置了知识聚合智能服务平台，连接民政、人社、交通、工商、社区、旅游等知识库，在报案的同时还能直接找到相关职能部门快速获取所需信息。

群众工作委员会一要通群众，二要通党委和政府，三要通各个职能部门，需要服务于党委、各个部门和市民。这套人工智能系统成为了群工委的得力“小天使”，自从有了人工智能“小天使”，群众能够更加便捷地享受服务、参与社会治理，职能部

门能够提供更精准化的服务，有针对性地解决社会问题，党委和政府领导则能够更加及时地了解群众诉求。

三、人工智能在公共安全中的应用

《新一代人工智能发展规划》中提出，利用人工智能提升公共安全保障能力。促进人工智能在公共安全领域的深度应用，推动构建公共安全智能化监测预警与控制体系。围绕社会综合治理、新型犯罪侦查、反恐等迫切需求，研发集成多种探测传感技术、视频图像信息分析识别技术、生物特征识别技术的智能安防与警用产品，建立智能化监测平台。加强对重点公共区域安防设备的智能化改造升级，支持有条件的社区或城市开展基于人工智能的公共安防区域示范。

当前经济社会的发展，对安防不断提出新要求，更高效、更精准、覆盖面更广是未来发展趋势。通过汇聚海量的城市信息，利用人工智能图像识别等技术，可对嫌疑人的信息进行实时分析，将犯罪嫌疑人的轨迹锁定由原来的几天缩短到几分钟，并在发现犯罪嫌疑人时立即报警。同时，智能机器采用语音交互技术，还能具备与办案民警进行直接交流的能力，真正成为办案人员的好帮手。

延伸阅读

2016年5月，国家发展改革委、科技部、工信部、中央网信办制定的《“互联网+”人工智能三年行动实施方案》将智能安防推广工程列为重点工程："鼓励安防企业与互联网企业开展合作，研发集成图像与视频精准识别、生物特征识别、编码识别等多种技术的智能安防产品，推动安防产品的智能化、集约化、网络化。支持面向社会治安、工业安全以及火灾、有害气体、地震、疫情等自然灾害智能感知技术的研发和成果转化，推进智能安防解决方案的应用部署。支持部分有条件的社区或城市开展基于人工智能的公共安防区域示范，加快重点公共区域安防设备的智能化改造升级。"

（一）人工智能人脸识别技术已经堪比民警

当下我们生活的城市，为了更好地保障公共安全，很多角落都安装了摄像头。这些摄像头每天都会产生大量的视频数据，数据通过网络可以连接到监控中心。在监控中心大屏上，人们几乎可以看到任何地方的视频影像。

据报道，目前全国600座大中城市视频采集系统建设已初具规模，监控系统26.8万余个，摄像头2000万余个。以北京为例，政府和公共机构的摄像头总数超过200万个，时时刻刻都在保持录像，每天会产生长达200多万天长度的录像，如果换算成年，大概有5000多年。而这些安防监控视频的主要"消费者"，就是监控中心工作的警方。警方在破案的时候需要查看很多录像，然而视频数据生产的速度远远超过数据消化和查看的速度，人工监控在海量数据面前就像大海捞针，无法实现大规模视频监控，无法事前感知、事中联动、事后有效处理和智能检索。

在整个安防的投入当中，上一代的安防只是静态地记录下数据，而下一代的安防，则对实时数据进行采集、辨认。人工智能人脸识别技术的逐步成熟，给安防带来了革命性的变化，让海量视频数据变成了更有意义的信息。

人工智能深度学习技术可以实现人脸检测、人脸关键点定位、身份证比对、聚类以及人脸属性、活体检测等功能。人脸识别在特定场景应用的准确率已经达到99.8%以上，高于人类肉眼识别的准确率。通过实时动态多视角人脸检测定位，机器可以准确识别超过40种的人脸特征，包括性别、年龄、种族、表情、眼镜、帽子、发型、胡须等。

当前人脸识别技术正在得到越来越多的应用，市场规模持续提升。英国咨询公司Memoori发布的《2015全球安防设备市场报告》显示，我国人脸识别市场规模从2012年的16.7亿元，上升至2015年的75亿元。未来五年之内，国内人脸识别的市场规模可能将达到1000亿元。在人脸识别主要应用领域中公安领域市场规模达16亿元以上，交通领域市场规模达50亿元以上。（见图6–3、图6–4）

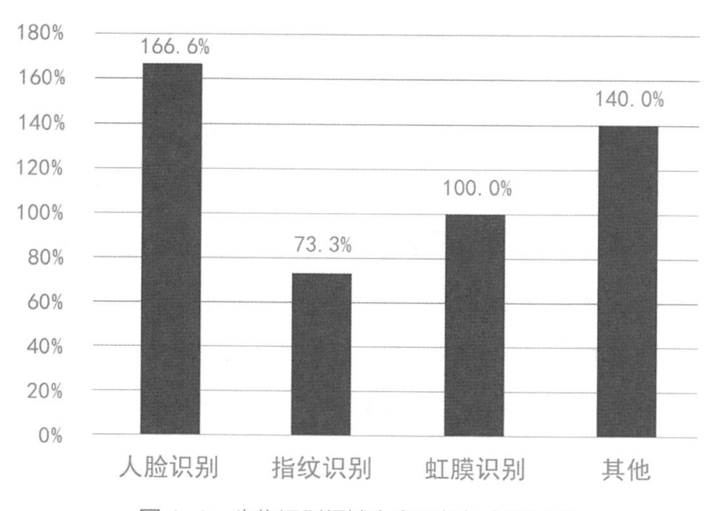

图6–3　生物识别领域未来五年复合增长率

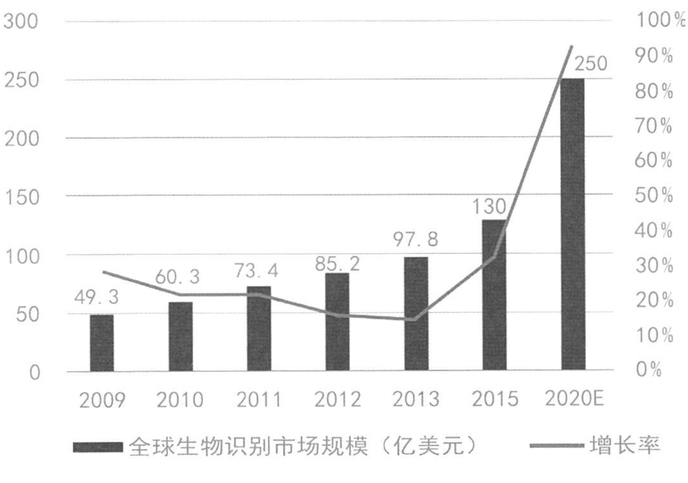

图 6-4　全球生物识别市场规模情况

案例一

人工智能让公安侦查与寻人“如虎添翼”

2017 年 9 月 25 日，无业青年张某来到大同火车站，进入售票厅，准备购票。没有人察觉到，这个看似普通的年轻人，是一名在逃的盗窃犯罪嫌疑人。他流窜于不同城市，没有固定工作及住所，难觅其踪。这次，如果没有意外，张某将像往常一样到下一个城市寻找新的“猎物”。

“意外”来自于“动态人脸识别布控系统”。它捕捉到火车站的人脸后进行比对，提示警方正走进售票厅的这名年轻人，与内蒙古阿拉善左旗在逃的盗窃犯罪嫌疑人张某极有可能是同一个人。值班警察立即布控，迅速出动，在售票厅内即成功将张某抓获，张某对其犯罪事实供认不讳。据张某交代，早在年初他就知道自己被网上通缉，于是准备了一张相貌酷似自己的他人身份证，频繁使用。半年多以来，行迹遍布晋冀蒙等地，一直未被发现，直到此次落网。

2017 年 10 月 10 日，江西的陈某来到大同，他环顾四周，并没有看到警察，暗自松了一口气，熙熙攘攘的人群里没有人知道他是一名网上逃犯。凭借小说里学来的反侦察知识，陈某从江西一路逃窜到大同，每次出行都十分警觉，避免使用自己的身份信息。不曾想，陈某刚刚出现在候车室，一副铮亮的手铐即出现在他面前。面对民警的盘问，陈某不得不承认破坏生产经营的犯罪事实。认出陈某的，同样是“动态人脸识别布控系统”。

两次抓捕的“功臣”，来自深醒科技的人脸识别系统。通过这套“动态人脸识别布控系统”，警方可实时预警、瞬间定位、绘制在逃人员轨迹、分析在逃人员去向，从而帮助警察进行迅速围捕。大同火车站利用深醒科技的人脸识别系统，在党的十九大召开前夕，半个月的时间内，先后将两名网上逃犯抓捕归案。同时，该系统自运行以来还帮助警方预警识别出各类嫌疑人员两百余名，有效落实了打防管控一体化警务模式。

在案件破获中发挥了重要作用的关键技术，就是深醒人脸识别系统的黑名单布控报警、静态人脸比对检索等功能。基于深度卷积神经网络的深度无监督学习模型，深醒人脸识别系统完成了千万级人脸数据库的大数据训练，解决了在采集过程中出现的局部遮盖、模糊、偏色、干扰等特殊情况，实现了人流密集、非主动拍摄等复杂环境下人脸识别效率的提升。当前系统非监视名单误报率低于 2%，监视名单识别准确率 99.6%，亿级人库 1∶N 比对秒级返回结果。高达 99% 的人脸捕获率和成功率，2000 张 / 秒人脸图片导入率，使得人脸检测功能失误率几乎为零。

在前端架设摄像机较为密集的情况下，嫌疑人员被不同的摄像机抓拍比对成功报警，系统可生成嫌疑人员的轨迹，并实时更新嫌疑人员所出现的最新位置，锁定抓捕区域，系统的对比速度高达2亿次/秒，这对公安系统侦查工作而言可谓如虎添翼。

该系统能够实现实时追踪与报警，如实时轨迹追踪、区域快速布控、实时报警、警情联动推送。通过智能分析，能够得出有效案件情报，如目标的历史轨迹、活动范围与频次、结构化搜索、出行住宿信息、家属关系等。同时支持统计报表分析，包括警情统计、报警统计、热力统计、重点人员统计等。根据上述所有大数据研判，最后做到精确布控、特征布控、区域布控。

除了公安侦查，人工智能人脸识别在找回失踪、失散人口的案件上也发挥了巨大的功效。2017年7月，某市公安根据家属提供的一张侧脸照片，通过人脸识别系统在半小时内快速找回一名在其市区域走失的维吾尔族幼儿。福建省公安厅与腾讯互联网+合作事业部联合发布的“牵挂你”防走失平台，依托腾讯优图实验室研发的海量人脸检索技术，识别准确率超过99.99%，并可以在毫秒级的时间内完成千万级的人脸检索，大大提高了人员信息匹配的准确率。

2017年，百度相继与“宝贝回家”、民政部全国救助寻亲网合作开展AI寻人，运用人脸识别技术帮助失散亲人家庭寻找亲人。截至2018年12月，共帮助5249个家庭重获团圆。其中有失踪8个月、1年的，也有与家人失散长达24年、27年的……他们都回到了家人的怀抱。目前，百度人脸识别技术已经运用于全国2000家救助站的流浪乞讨人员服务管理，帮助走失人员早日回归家庭。

全国救助寻亲网人脸对比寻亲

资料来源：民政部社会事务司全国救助寻亲网。

无论是侦破疑难杂案还是寻找丢失人口，人工智能人脸识别系统即将引领智能安防革命，为平安城市建设和公共安全保障提供精准和有效的信息技术手段，成为城市安防和智慧警务中不可或缺的一大利器。

（二）人工智能推助海关“智慧转型”

随着进出口贸易的不断发展，提高海关监管效能、提升通关效率、满足国家安全准入要求成为海关查验的新需求。然而在我国，由于人力资源和技术装备限制，海关监管始终面临着监管效率与监管力度难以兼顾的三大核心挑战。

首先是新技术、新产业、新业态不断涌现的挑战。外贸新业态层出不穷，跨境电子商务、市场采购贸易、外贸综合服务企业快速发展，贸易碎片化加剧，融合现代物流、跨境金融以及大数据、互联网等技术于一身的智慧供应链兴起，海关现行监管模式仍存诸多不适应，创新海关监管服务还有很大空间。

其次是传统安全威胁和非传统安全威胁交织的挑战。口岸日益成为防控威胁的关键节点，供应链安全问题愈加突出。粮食、冻品走私屡打不绝，固体废物、濒危动植物及其制品非法入境屡禁不止，毒品、武器弹药走私愈演愈烈，超量携带货币、假借贸易渠道逃避金融监管等情况时有发生。然而现有海关随机采样的稽查率低，全国海关5年稽查的企业数量仅占实际进出口企业总数的13%。以青岛海关为例，现有稽查人员162人，在人均4家的标准负荷工作量条件下，年稽查企业数648家，稽查覆盖率2.36%。即便把其他核查作业一并统计，青岛海关的稽核查覆盖率也仅为5%，难以满足海关应对安全威胁需求。

最后是政府转变职能及其实现方式的挑战。政策落实的“最先一公里”“最后一公里”问题仍未解决，海关职能实现方式尚未走出“批改作业式”的窠臼，我国贸易便利化指标在国际上排名靠后，外贸企业负担较重。培育法治化、国际化、便利化的营商环境，海关任重而道远。

在这样的背景下，应用新一代信息技术实现海关监管体量和通关效率双重目标极为迫切。将人工智能技术应用于海关机检查验领域，通过计算机技术模拟人在审图过程中的智力活动，让机器自主对图片进行分析、推理、判断和决策，则可实现密集型过机和决策自动化。

目前，宁波海关已经正式运行了“人工智能＋海关监管”的“智慧机检”系统。据宁波海关介绍，“智能机检”海关监管系统要实现两大目标：一是在机检审图领域实现“人工智能”对人的全面替代，并在审图水平上超越人工专家；二是在集装箱进出口环节实现“智能机检”全覆盖，对口岸货物全方位、无死角管控。

未来，智慧海关建设将着眼于更好利用视频识别、数据挖掘等人工智能先进技术，实现更精准的风险模型算法，提升自动化稽查的比例，转变长期以实物监管为主的传统监管模式，提升打击走私违法犯罪能力。

案例二

“智慧海关”提高精准稽查能力

相比传统安防的被动防御方式，智慧安防系统利用视频结构化技术将海量监控中的人、物等进行识别和提取，结合大数据分析能力，可以提前为用户发现风险点。如平安科技的“平安脑智能引擎”，为海关提供了量化预测出入境人员和物品风险概率的人工智能解决方案。针对海关监管的数据认知、数据感知、数据决策三项主要诉求，“平安脑智能引擎”确立了解决海关风险人员及走私货物抽查命中率低问题的目标。通过平安大数据

广州白云机场的“智慧海关”人体监测系统

技术整合海关内外部数据，建立企业、货物、人、运输工具等主体的网络关系，以决策树模型、关联分析识别同行群体、高频通关分析为解决方案，使风险分析人员可以更加清晰地分析和探查主体存在的风险及风险点，准确判断走私主体，提高走私稽查能力。“平安脑智能引擎”方案在某海关试运行两个月后，将走私查获率从原来的7%提升至27%，海关的风险管控和走私稽查能力大幅跃升。

这个方案采用“智能决策＋关联分析＋多维画像组合模型”技术，有效提升对高风险人员的识别效率。“智能决策”部分运用决策树分析模型，从时间、频率（日频率、周频率、月频率等）、人口属性（性别、年龄段）、历史查验结果等维度构建模型，有效识别风险人员特征；“关联分析”部分运用关系网络模型，从同行人员、关联频率、时间间隔等方面，有效识别高风险人员的高关联度人员，有效锁定关系网络，辅助判断高风险团伙；“多维画像分析”部分，进一步加入内外部公开数据源，提取与高风险人员相关的特征和数据，精确给出个体的“综合风险评分”，结合前台系统的上线部署，指导缉私业务人员的现场操作。

四、人工智能在司法领域中的应用

将人工智能融入法律实践已成为必然趋势。我国《新一代人工智能发展规划》提出，促进人工智能在证据收集、案例分析、法律文件阅读与分析中的应用，实现法院审判体系和审判能力智能化。最高法院《关于加快建设智慧法院的意见》提出了“2020年深化完善人民法院信息化3.0版”的任务。人工智能的深度应用既是司法审判现代化的本质特征，也是司法审判现代化得以实现的必然选择。

事实上，法律与人工智能的结合要追溯到1987年，美国波士顿的东北大学举办了首届国际人工智能与法律会议，会上促成了“国际人工智能与法律协会”（IAAIL）的成立，该协会旨在推动人工智能与法律这一跨学科领域的研究与应用。在这样的背景下，法律科技（LawTech）逐渐兴起。1991年产生了Deedma加拿大人工智能专家断案系统，1995年开发出了Split-Up离婚案件财产分割软件，2005年有了法庭调查证据评估贝叶斯网络，2007年Strand将工程、计算机、医学的贝叶斯方法用于法学实证分析，以及HYPO、CATO、IBP等各国法律专家系统和裁量模型……法律科技给法律行业和审判体系带来越来越深刻的变革。

目前人工智能在我国司法领域中的实践已初具雏形，主要包含文书自动生成、智能语音庭审、网上诉讼、自助服务等。人工智能技术中的计算机视觉、机器学习、语音识别身份、电子证据举证质证，可通过对电子数据原文和已保存的数据进行自动比对，判断是否有过后期篡改，从而用来辅助验证电子证据的真实性。基于大数据的深度学习功能可避免人的主观性，对案件数据库信息进行分析后，可实现诉讼结果预判、类案推送、分析胜诉率等功能。如广州中级人民法院的“智审辅助量刑裁决系统”，当法官输入案件要素后，系统会在传统推送相似案例的基础上自动进行比对和运算，并对量刑幅度给出图形分析和数据参照。统一定罪量刑，防止类案不同判。语音识别技术的应用最为成熟，如科大讯飞的庭审系统可针对不同类型案件、不同地域口音通过机器自我学

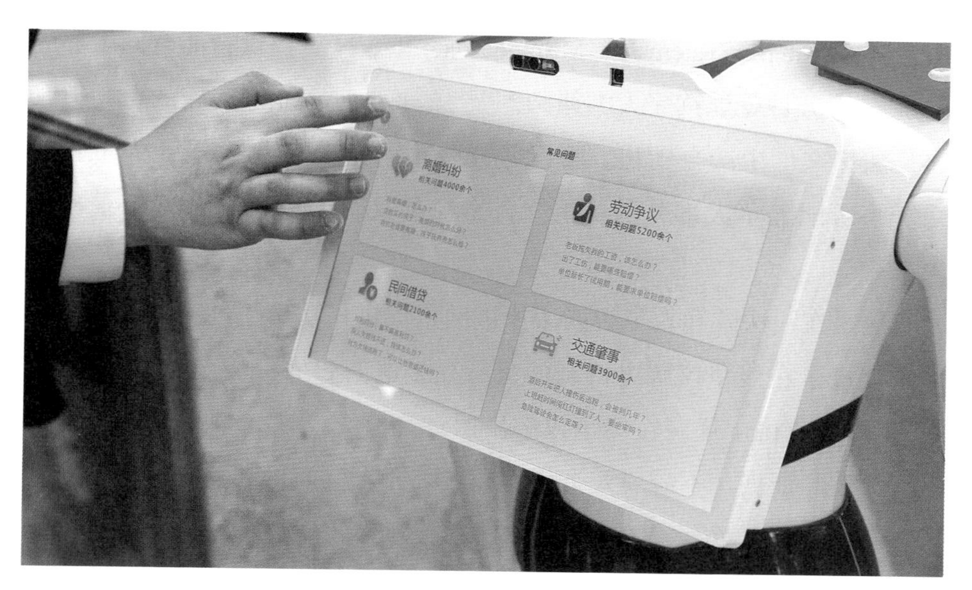

▶ 2018 年 3 月辽宁省正式上线服务的集法律咨询和法律工具于一体的智能机器人

习，实现智能庭审过程中法言法语的有效识别，采用人工智能语音识别技术对庭审语音的实时转录，解决因书记员录入速度局限造成的庭审速度受限问题，提升审判效率。

除了在庭审中的成功应用外，人工智能在司法领域的实践还在不断发展。腾讯研究院在一项关于法律人工智趋势的研究中提出未来法律人工智能的几大趋势。其中三大趋势非常值得注意。

一是法律检索智能化。例如世界首个机器人律师 ROSS，基于 IBM 的 Watson 系统的智能检索工具，利用强大的自然语言处理和机器学习技术能向律师提供最相关、最有价值的法律回答。

二是法律文件自动化。这里包括两大方面，首先是法律文件审阅自动化，如电子取证，在并购、反垄断、大型劳动纠纷等案件中，数量庞大的电子材料需要耗费大量时间收集和整理，而辅助审阅、机器学习和预测性编程等技术的电子取证可显著提高这一工作的效率。再如合同分析，国际上 Kira Systems、KMStandards、RAVN 等提供智能合同服务的系统，15 分钟就能读完人类律师需要 12 个小时才能审阅完的合同。其次是法律文件生产自动化。腾讯研究院预测，未来 10—15 年人工智能系统将可能起草大部分的交易文件、法律文件、起诉书、备忘录和判决书。

三是在线法院和人工智能法律援助将促进司法可得性。电子商务的繁荣促进了在线争议解决机制的流行，在电商 eBay 平台上，买卖纠纷通过 SquareTrade 这一在线争议解决服务商线上解决，当事人在线提交事实陈述和证据，不需要人类律师和法院介入就能得到解决。在这个模式影响下，国外已经有在线法院的实践。如英国已经投入 10 亿英镑建设数字化法院系统，计划将小额案件从立案、提交证据、举证质证到裁判的全环节放在线上。

案 例

“智慧法庭”助力提升司法能力

2017 年，百度与重庆高院合作，将人工智能技术应用到庭审笔录、案件审理、案例分析、信息检索中，显著提高了法院审判体系和审判能力智能化，成为“智慧法庭”典型案例。

首先是庭审笔录。庭审笔录是庭审过程的真实反映，是法官撰写判决书的依据之一。将语音识别技术应用到法院庭审场景，改变了原有的笔录记录模式，能够在庭审过程中，将各方的语音内容自动实时识别成文字，包括合议庭法官的评议过程实时会议记录等。新的智能系统替代了人工输入，不仅有效提升了审判效率，减轻了法官和书记员的办案负荷，更重要的是

杭州市西湖区人民法院智慧法庭语音识别替代人工笔录

自动语音识别还能让法院的文字记录工作最大限度还原审判活动全貌，实现审判工作全程留痕，进一步推进了司法公开。

随后在法院审理相关案件时，智能系统可以为法官推送涉案法条和相关判例等数据作为参考。涉案法条和类案案例是法官进行审理、判决的重要参考和依据，在审判工作中对照参考合适、准确的类案，对于确保司法尺度和裁判标准的统一，以及年轻法官汲取审判经验、提高司法能力，都具有重要作用。重庆“智慧法庭”结合百度搜索技术和自然语义分析技术，建立了非常丰富的案例库资源，可以在法官办案过程中，根据个案精准推送涉案法条和类案案例，做到有法可依、有例可循，提高法官工作效率和处理案件的准确性。

同时，利用百度的搜索组件，结合法院案件、文书、卷宗、新闻等多个数据源，能够实现法院行业的智能垂直搜索。未来百度还计划为法院提供专业级 OCR 识别和关键词提取技术，将电子卷宗的图片根据内容自动分类和标签，智能分目归档，满足法院案件信息自动提取和电子卷宗随案生成需要，为法官提供智能专审平台。实现电子图片内容级检索和分析，方便法官阅卷办案。对法院细分业务的专项分析提供技术支持，同时为法院提供数据关联及预测分析等。

延伸阅读

2017 年 4 月，最高人民法院印发的《最高人民法院关于加快建设智慧法院的意见》提出：智慧法院是人民法院充分利用先进信息化系统，支持全业务网上办理、全流程依法公开、全方位智能服务，实现公正司法、司法为民的组织、建设和运行形态。加快建设智慧法院是落实“四个全面”战略布局和五大发展理念的必然要求，是国家信息化发展战略的重要内容，是人民法院适应信息化时代新趋势、满足人民群众新期待的重要举措。

运用大数据和人工智能技术，按需提供精准智能服务，支持办案人员最大限度减轻非审判性事务负担，为人民群众提供更加智能的诉讼和普法服务，支持管理者确保审判权力正当有序运行，支持法院管理者提高司法决策科学性，支持党和政府部门促进国家治理体系和治理能力现代化。强化工作保障，促进持续健康发展，建立常态化经费保障机制，建立规范化安全保障体系，建立质效型运维保障体系，建立专业化人才保障体系，构建应用成效评估改进机制。

五、人工智能助力网络空间治理现代化

世界主要发达国家将人工智能作为提升国家竞争力维护国家安全的重大战略，网络空间安全作为国家安全的重要组成受到了高度重视。当前我国互联网安全形势不容乐观，各类信息泄露、网络攻击、电信诈骗、网络谣言等安全事件层出不穷。国家安全信息漏洞库、国家互联网应急中心、中国互联网络信息中心发布的数据显示，2018 年 9 月，境内被植入后门的网站达 2290 个，境内被篡改网站数量 1164 个，被木马或僵尸程序控制 IP 地址对应主机数 40 万个，国家信息安全漏洞库接报漏洞数量 2314 个，给个人、企业和国家的数据信息安全造成了极大威胁。

（一）人工智能将成为下一代网络安全解决方案

业内人士预言，从影响力和科技水平来看，人工智能的下一个重大机会之一将是网络安全，人工智能将成为下一代网络安全解决方案的核心，如何用好人工智能将是在信息化条件下抢占保密科技制高点的重要依靠。

未来，5G 和物联网将给数据量带来再一次爆发式增长，随着人工智能深度学习算法和计算机能力的持续优化和提升，人工智能在网络安全领域应用具有极大优势。首先，网络安全监测效率、精准度和自动化程度更高。将人工智能用于网络安全分析，在模糊、非线性、海量数据处理上，机器学习和深度学习算法能够将不同类型的数据整合、分类和序列化，提高网络安全威胁监测识别效率和准确性。其次，网络安全态势感知更全面。人工智能技术拥有对内部外部要素数据关联分析、融合处理的强大能力，通过大量安全风险数据进行关联性态势分析，可以构建强大网络安全威胁态势感知体系。第三，变被动防护为主动防御体系。人工智能的学习和进化能力可以形成自主防御的“安全智慧”，能够提前应对未知的、变化的攻击行为，形成自学习应急响应的主动安全防御体系。

目前，在反垃圾邮件、防火墙和入侵检测这三个场景中已经开始了人工智能的丰富应用。较为常见的智能反垃圾邮件系统，既可以保护用户数据安全，又可以通过智能识别监测扫描出恶意邮件进行阻拦，使用户免受带有诈骗、推销、病毒等内容的垃圾邮件之扰。网络安全设备智能防火墙系统应用上，融合人工智能识别技术的新式防火墙技术可以通过自行分析处理数据，有效拦截有害数据流，减轻人力工作负担，更好地保护用户网络安全。入侵检测系统上，可以通过监测网络的行为活动达到对网络安全性能的实时保护，防止用户网络受到来自内部和外部的攻击。新型的入侵检测系统融合了专家系统、人工神经网络系统、人工免疫等人工智能技术。通过研究和模拟人脑学习技能，将学习能力和高适应能力赋予系统，能够快速识别入侵行为，帮助管理员提高面对入侵时的应对速度。人工免疫技术则模拟人体自发产生的自我防御状态，可以保护用户的信息不被入侵，增强了用户网络信息的完整性和保密性。

案例一

360“安全大脑”

2018年第二届世界智能大会上，360董事长周鸿祎发布了“人工智能安全大脑”，他说：“‘安全大脑’是一个运用新技术所创造出的强有力的网络安全体系，通过建立‘上帝视角’，绘制出大安全全景图，把‘安全大脑’打造成安全领域的核心技术，起到掌控安全全局、为经济发展保驾护航的作用。”

“安全大脑”综合利用人工智能、大数据、云计算、IoT 智能感知、区块链等新技术，拥有全天候、全方位安全动态感知能力，对全球安全威胁进行检测和预警，利用人工智能对网络安全威胁分析、判断、处置和响应，对未知恶意软件进行毫秒级识别和智能查杀，并对攻击进行精确溯源定位，能够全方位全天候保护国家、国防、关键基础设施、社会、城市及个人的网络安全。

“安全大脑”的全称是分布式智能网络安全防御系统，总体架构包括六大系统：智能感知、大数据存储、知识系统、智能学习系统和智能分析系统以及人际智能交互辅助决策系统。与人的中枢神经系统传输模式类似，安全大脑的威胁响应流程包括四层结构：首先是安全应用层，是安全大脑的指令输出，可做到自动攻防、漏洞挖掘、安全扫描、应急响应等全方位安全防护；其次是智能服务层，是安全大脑的神经元，包括算法建模、视觉计算、语言处理、决策优化、交互计算平台；再次是数据服务层，拥有端到端的数据储存、加工、分析、展现等综合治理能力，为安全大脑提供高效的信号处理通道；最后是数据采集层，背靠全球规模最大的网络空间安全大数据，拥有总样本数超过 180 亿个的全球最大程序文件样本库，总日志数 22 万亿条的程序行为日志库，每天 800 亿条活跃网址访问记录以及全球 80 亿个域名信息，是安全大脑的感知元。

早在 2010 年，360 就引入人工智能技术，在超过 100 亿样本库的基础上研发了全球首个人工智能杀毒引擎 QVM，成为全球人工智能技术首次在杀毒领域的大规模应用。2016 年美国东海岸大规模断网事件中，360提前45天检测到网络异常，提前6天发布全球预警。2017年WannaCry病毒全球爆发时，360在24小时之内对全网推送修复补丁。2018年，360在全球率先捕获新一起Flash 0Day漏洞在野攻击。

2018年10月，中国计算机学会（CCF）公布年度技术成果评选结果，360“安全大脑”获得了“科学技术奖科技进步卓越奖”，这是中国计算机行业最高奖，也是该奖项首次授予智能安全技术领域。“安全大脑”应用人工智能为我国网络空间安全保障提供了全新技术解决方案。

案例二

用人工智能围剿窃取用户隐私黑产

2017年7月初，百度安全联合公安机关成立“滤网”专案特别行动组，旨在净化网络空间，严厉打击此类侵犯公民个人隐私案件，开始对案件进行细致的侦查和取证。因“滤网”专案为全国首例新型侵犯公民个人隐私案件，且涉案人员众多，公安部与最高人民检察院高度重视，双重挂牌督办。

2017年9月，“百度安全”的技术团队配合公安部门在全国15个省18个地市开展“滤网行动”，在掌握大量证据的基础上，帮助破获了国内首例新型侵犯用户个人隐私黑产团伙——“手机访客营销”，抓获了犯罪分子数十人。据悉，这次“滤网行动”在公安部与最高人民检察院双重督办下，历时3个月，跨越全国十几个省市，破获了从工具制作、多层级销售代理到黑产工具购买者的整个产业链，对黑产组织形成了极大震慑。

自2016年起，有多位网民在网上爆料手机号码、QQ号码等隐私信息在搜索、浏览网页过程中遭泄露。这背后实为黑产利用运营商系统漏洞，非法获取公民手机号，将信息转卖给医院、教育培训、金融机构用作所谓的“精准营销”。国内主流搜索服务提供商、新闻资讯类APP、社交软件APP都受到此类黑产的影响。该类黑产窃取用户隐私行为，不仅侵犯了大量网民的隐私，也对所涉企业的声誉造成了极大的伤害。

通过对黑产团伙深度溯源，“百度安全”发现抓取访客手机号已经形成了完整的利益链条和黑色产业链，分工明确，遍布全国，每天侵害数百万网民的个人隐私。在巨大的经济利益的驱动下，网络黑产正在不断伪装其面目、升级技术手段，试图突破层层封锁。

“百度安全”在全网安全检测、网络犯罪研究、攻击溯源、黑产追踪等方面开展了大量工作，从技术上密切配合公安机关打击网络犯罪。基于人工智能的领先技术，“百度安全”对网站上盘踞的黑产全链条进行攻击溯源、追踪。通过网址安全检测引擎进行数据分析和机器学习，快速高效地感知恶意网址及其变种，在更多用户触达前实现精准拦截。随着人工智能技术在安全领域中应用的日益成熟，可以做到对网络空间各类威胁的更快响应和处理，变传统的被动防御为提前防护，避免安全威胁的发生。

（二）AI将谣言扼杀在摇篮里

党的十九大报告提出，要加强互联网内容建设，建立网络综合治理体系，营造清朗的网络空间。打击网络谣言、最大限度压缩不良信息，是营造清朗网络空间的题中之义。谣言是网络舆论空间的一颗毒瘤，好事者造谣、众多网民信谣、不明真相者传谣、涉事者辟谣、网络平台和政府打谣，长期以来是互联网一个难以回避的循环。

中国健康传媒集团食品药品舆情监测中心《2017 年食品谣言治理报告》显示，截至 2018 年 7 月，谣言数据库已积累谣言及辟谣数据超过 5 万条。其中，2017 年与食品谣言相关的信息达 1.7 万余条。“吃姜会得肝癌”“蕨菜致癌”“废旧塑料袋紫菜”“塑料大米”“手机导致 35 年后失明大面积爆发”等耸人听闻的戏剧性谣言，严重扰乱了正常的社会秩序。网络谣言治理不仅关系到网络空间的信息安全，更与人们的切身利益密切相关，因此必须加大对网络谣言的治理力度。

与传统依靠人力识别和治理谣言的技术监督环节相比，人工智能在海量信息快速处理方面具有强大的优势，在网络谣言治理中融入人工智能技术可以有效提高网络谣言的治理效率。首先构建一个网络谣言数据库，尽可能多地向人工智能提供足够大量的谣言案例数据，依托人工智能的机器学习能力对如何识别谣言的算法进行练习，从而有效提高对谣言识别和判定的准确率。在互联网实际环境中应用后，可以对互联网平台中的谣言进行监测、识别与处理，有效拦截与数据库内资料相对应的谣言，从而降低谣言的整体传播量。针对网络谣言反复传播、偷换概念、断章取义的特点，由于人工智能具有学习能力，可以根据谣言数据库中的案例对潜在谣言进行判断，从而迅速识别相似的谣言。通过在监测过程中不断发现新型案例和数据对谣言数据库进行扩充，人工智能谣言识别程序将会越来越智能，可以精准打击更多种类的谣言。

其次，人工智能可以帮助监控谣言的传播路径。网络谣言借助互联网传播，传播效果的测算与一般网站或社交媒体一致，通过浏览量、点击率、转发数量、评论数量和点赞量等指标来进行评估。人工智能可以对大量谣言案例及其传播效果进行分析和归纳，评估谣言的影响能力，总结出潜在谣言的特征，将谣言扼杀在摇篮里。人工智能还可以通过对谣言传播时间、渠道、范围、发布者信息等因素进行统计，监控谣言的传播路径，寻找造谣源头，帮助监管机构提升监测效率和监管精准度，从源头精确打击，追究责任。

案例三

辟谣平台精准标记谣言文章

目前，我国部分科研机构与互联网企业已对利用人工智能处理网络谣言进行了有益尝试。中国科学技术协会和腾讯公司共同推出了以人工智能辟谣为亮点的“科普中国·腾讯‘慧眼’”行动。中国科协将引入1000名各领域“辟谣专家”入驻腾讯辟谣平台，通过专家大量辟谣后形成数据库，借助实时推理、比对与自动识别等算法，建立谣言分级预警机制。通过人工智能的深度学习，预计到2019年，该平台可初步升级为具有自主学习功能的辟谣专家系统，最终实现从专家辟谣、精准推送到智能识谣，从源头上控制谣言的发布和传播。

除腾讯外，百度也联合中国网警、科普中国、环球物理、中国食品安全报社等多家机构正在建立全国共享的最大谣言及辟谣数据库。利用搜索技术，实现谣言与事实论证信息的快速匹配，并在百度全线产品中进行辟谣内容的分发，流量全面覆盖，精准而全面地对抗谣言。利用算法挖掘技术和大数据支持，将最大程度识别出易发酵的不实信息，在产生极大的影响之前作出预判，并及时推荐相关的事实论证信息，做到提前预警，将谣言扼杀在摇篮里，防止大规模网络谣言的爆发。

该辟谣平台主要由信息处理技术、辟谣平台数据库及辟谣信息分发机制所组成。其中，对谣言的信息处理技术应用了“百度搜索”多年来在自然语言处理、大数据以及人工智能技术上的积累，可以第一时间发现网络上的疑似谣言；辟谣平台数据库则通过引入全国网警等官方机构、专业机构、各领域专家学者，可以鉴别谣言并有针对性地产出辟谣文章；这些辟谣内容将通过辟谣信息分发机制，利用百度旗下多款亿级用户规模的产品传递给广大网民。

目前，百度辟谣平台已打通并覆盖百度搜索、手机百度信息流、百家号、百度新闻、百度贴吧、百度知道等十余条产品线。当用户用手机百度搜索的信息为谣言时，百度就会对搜索结果进行“谣言”标注及辟谣内容说明，还可以通过百度信息流等产品线针对特定地区、特定兴趣人群的用户推送辟谣信息，既减少对用户的打扰，还能精准辟谣。

在公安部网络安全保卫局的支持下，全国372家网警巡查执法账号作为首批官方机构代表入驻了百度辟谣平台，它们利用百家号对外发布权威辟谣信息，大幅提升了辟谣的效率和权威性。例如用户现在使用百度搜索有关“微博朋友圈破解器”的问题时，就会看到在搜索结果首条所展示的由首都网警百家号发布的专属辟谣文章《网警提示：微博、朋友圈破解器是骗局》，并对相关谣言文章打上谣言标记。

第七章

国外主要国家人工智能战略与启示

美国人工智能战略

欧盟人工智能战略

英国人工智能战略

国外经验对我国的启示

当前，世界经济长期低迷，增长动能不足，各国都在积极寻找新的增长点。人工智能作为“新电力”，一旦与各行业融合创新，将有助于应对一系列的经济挑战，提升经济活力与生产力。近年来，世界主要国家和经济体均认识到人工智能技术对经济社会发展的重大作用，美国、欧盟、英国、日本、加拿大和印度等国家和国际组织纷纷推出人工智能战略，政府持续加大基础研发投入，并推动人工智能与制造、金融、物流、教育、医疗等各行各业的结合，以期抢占人工智能发展的制高点，增强国家整体实力。总体上看，美国、欧盟和英国在人工智能上推出的战略和举措较多，在行业应用上走得较为领先，其人工智能产业也在全球占据重要的份额，聚集了一批全球顶尖的人工智能公司。

一、美国人工智能战略

美国政府认为，人工智能是变革性技术，有望在推动经济和社会中产生巨大的效益，人们生活、工作、学习以及探索和交流的方式都有可能因它而彻底改变。人工智能的发展将进一步强化美国的先发优势，包括促进经济繁荣、改善教育机会和生活质量、保障国家安全和增强国家整体实力。

为推动人工智能的快速发展，2016年美国相继出台三份报告：《人工智能、自动化与经济》（*Artificial Intelligence，Automation and the Economy*）、《为未来人工智能做准备》（*Preparing for the Future of Artificial Intelligence*）、《国家人工智能研究与发展战略规划》（*National Artificial Intelligence Research and Development Strategic Plan*），高度关注人工智能的基础研发、市场应用与政策创新等问题。

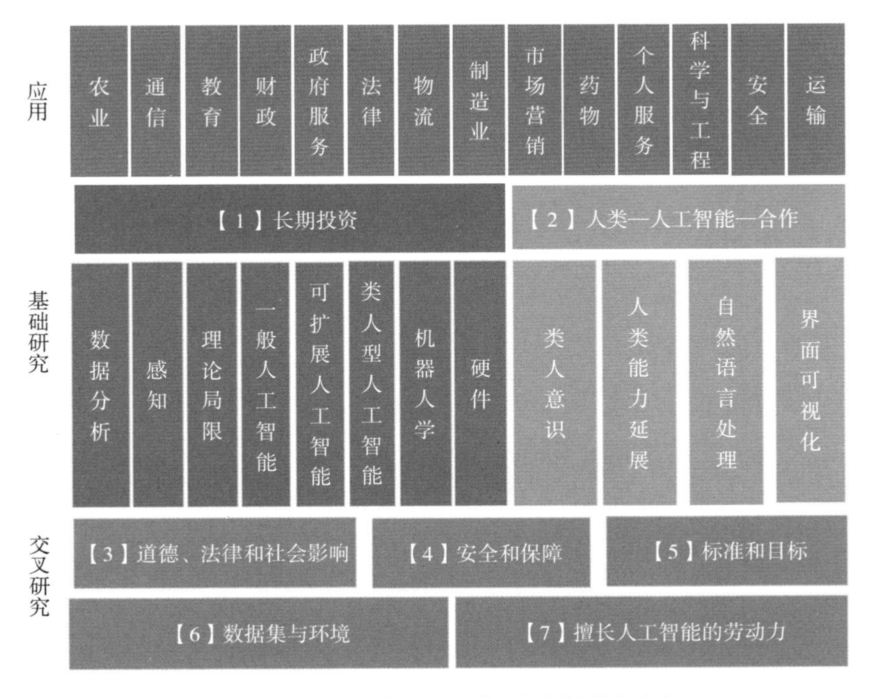

图7-1　美国人工智能研发战略规划的核心内容

2017年，白宫科技峰会邀请了微软公司首席执行官萨蒂亚·纳德拉（Satya Nadella）、亚马逊公司首席执行官杰夫·贝佐斯（Jeff Bezos）、甲骨文公司联席首席执行官塞夫拉·卡茨（Safra Catz）、Alphabet执行董事长埃里克·施密特（Eric Schmidt）和IBM首席执行官金尼·罗梅蒂（Ginni Rometty）等科技巨头企业的负责人，就发展人工智能等议题展开讨论。2018年5月，美国白宫再次举办科技峰会，邀请了亚马逊、Facebook、谷歌、英特尔等科技巨头和行业专家，探讨人工智能研发、人才培养、创新监管，以及人工智能在农业、金融、医疗、交通、物流等行业的应用等议题，并发布《2018美国白宫人工智能科技峰会总结报告》（*Summary Report of White House AI Summit*）。2019年2月11日，美国总统特朗普签署《维护美国人工智能领导力的行政令》，强调美国在人工智能领域的持续领导，对于维护美国的经济和国家安全至关重要，美国将从联邦层面投入更多的资源，支持人工智能的研发和应用。

（一）基础研发

美国政府持续加大对人工智能基础研发的支持，包括：对基础和应用研发进行投入，创建并支持试验项目，为公众提供数据，实施激励措施，以及为人工智能制定宏伟目标等。

2016年，美国国家科学基金会（NSF）启动了支持人工智能研究的"信息与智能系统：核心计划（IIS：Core Program）"，准备每年投入1亿美元支持150个至200个研究项目，并提出多项计划对美国人工智能的研发给予支持。

2016年5月3日，奥巴马政府成立了新的国家科学技术委员会机器学习和人工智能委员会。该委员会主要来协调联邦政府关于人工智能的活动，并在奥巴马政府任期内大力推广人工智能在政府等行业的应用。

美国政府认为，如果最大限度地投资和发展人工智能，就会对整体生产力的增长作出重要且积极的贡献，与此同时，人工智能技术的进步也能确保美国处于创新前沿。政府在推动人工智能基础技术的研发中发挥了重要作用，主要包括：

1. 对人工智能研究进行长期投资

2016年发布的《美国人工智能研发战略计划》，不仅确定了美国人工智能项目的研发优先级，还对战略科研目标进行了分析，提出七大战略。其中之一，便是长期投资人工智能研究，尤其对那些能够产生新发现、形成新观点和新视角的下一代人工智能技术进行优先投资，以确保美国继续保持人工智能领域的全球领先地位。（见表7-1）

表7-1　美国对人工智能长期投资的主要战略方向

基于数据驱动发现知识	进行进一步研究，以提高数据清理技术（Data Cleaning Techniques）的效率，创造方法发现数据中的矛盾和异常，并将人类的反馈整合进来。同时，研发新技术，以保证数据挖掘和与该数据相关联的元数据的挖掘同时进行。
提高人工智能系统的感知能力	感知来自各种形式的传感数据，这些数据经过处理和融合后，能够确定人工智能系统应该作出的反应和对未来的预测。在复杂多变的环境下，人工智能对目标的探测、分类、识别仍然面临挑战，感知进程的改进可以不断提高人工智能系统的认知准确性。
了解人工智能的理论能力和极限	尽管许多人工智能算法的最终目标是像人类一样解决问题，但目前对于人工智能的理论能力和限制达到何种程度仍然理解不足，缺乏对人工智能系统统一的理论模型和框架。除了算法，还要同时研究现有的硬件，从而了解硬件是如何影响这些算法的。
开展广义的人工智能研究	人工智能可以分为“狭义人工智能”和“广义人工智能”。狭义的人工智能系统只能执行专门的、定义明确的任务，比如语音识别、图像识别和翻译。而“广义人工智能”体系则包括了学习、语言、认知、推理、创造和计划。广义的人工智能目标还没有达成，这需要进行长期的、持续性的努力和投入。

续表

研发可扩展的人工智能系统	开发复合的人工智能系统仍然存在很多挑战，包括计划、协调、控制和可拓展性等问题。未来，多重的人工智能系统需要足够快的运行速度，从而适用于不断变化的环境。因此，美国将着力研发在计划、控制与合作方面更加有效、更具活力及可拓展的多重人工智能系统技术。
促进类人类的人工智能研究	类人类的人工智能旨在让人工智能系统能够像人类一样学习。例如，人类可以从有限的学习范例中学习知识，而人工智能可以从数以千计的范例中不断学习和优化自己，从而在某些应用上超越人类。同时，智能家教系统和智能助手还可以帮助人们更好地完成任务。
研发能力更强、更可靠的机器人	机器人在人类生活中应用广泛，机器人技术可以更好地模仿并提高人类的体能和智能，因此，科学家未来还需继续研究如何使机器人系统更加可信和方便。同时，还应提高机器人的认知和推理能力，使其更好地进行自我评价，提高处理复杂问题的能力，更好地与人类开展互信合作。
改善硬件以提高人工智能性能	人工智能系统的性能很大程度上取决于硬件的运行状况，而提升人工智能系统硬件运行功能需要通过可控的方式关闭和打开数据通道。未来的研究重点之一是让机器学习算法能够有效地从大量数据中进行学习，从而改善硬件，提高人工智能性能。
研发适用于先进硬件的人工智能	更先进的硬件可以提高人工智能系统的运行能力，同时更好的人工智能系统也可以反过来提高硬件的性能。更好的人工智能算法可以提升多核系统性能，从而提升高性能计算的运行速度。

2. 支持美国人工智能研发生态系统，优先考虑人工智能研发经费

自 2015 年以来，特朗普政府对于人工智能及其相关技术的投资增加了 40% 以上，其 FY2019 预算请求（FY2019 Budget Request）也是历史上第一个将人工智能、自动化和无人系统定义为研发优先级的预算请求。

为了确保美国继续在人工智能方面发挥领导作用，加强联邦政府对人工智能相关工作的协调能力，2018 年美国特朗普政府在国家科学和技术委员会下设了人工智能专门委员会（Select Committee on Artificial

Intelligence）。该委员会主要负责向白宫提供人工智能研究与发展方面的政策建议，帮助政府、私企和独立研究者建立合作伙伴关系。委员会由国家科学与技术委员会（National Science and Technology Council，NSTC）管理，其成员由联邦政府最高级的研发官员组成，将结合各部门的优势来改善联邦政府在人工智能领域的投入。

（二）行业应用

美国希望利用人工智能来解决效率低下等问题，并持续改善人们的生活。目前，人工智能已经应用到各个领域，包括教育和科学研究、语言翻译、无人驾驶、图像识别、旅行、购物推荐、广告推送、医学诊断、游戏等。人工智能在这些领域的应用带来了显著的效益，为美国的经济活力提升作出了重要贡献，也让美国政府意识到继续推动人工智能在各个行业的应用十分必要。

为了支持人工智能领域的持续创新，美国政府致力于促进人工智能技术的研发和使用，并加速在政府内部更广泛地开放人工智能资源，以鼓励社会对开放人工智能技术的接纳。

1. 鼓励重要领域的人工智能应用

美国政府历史上多次投资高风险、高回报的基础研究，包括互联网、全球定位系统、智能手机、语音识别、心率检测器、太阳能电池板、癌症治疗方法等，这些前瞻的研究和产业布局为整个国家带来了革命性的科技进步。在当前新一轮科技革命的背景下，美国政府也在积极选取新的战略领域加大投入，其中就包括人工智能。美国政府已经将人工智能用于政府部门、公共卫生、城市系统、智能社区、社会福利、司法、环境可持续发展、国家安全等领域，并加速推进人工智能的研究和成果转化。

在医学领域，比如在沃尔特·瑞德医学中心，退伍军人事务部使用人工智能来更好地预测并发症，从而改善对重型战斗创伤的治疗，提高治疗效果，并减少医疗支出。在交通领域，人工智能的应用使交通管理变得更加睿智，从而让人们减少出行的等待时间，并实现能源的节约，降低碳排放量。政府还将出租车和公共交通的调度软件连接在一起，提供更快、更便宜的出行服务。此外，美国还通过人工智能图像分类软件，对公共社交媒体网站的旅游照片进行分析，从而改善对动物迁徙的跟踪。在对北极冰面及海洋生态系统的数据收集中，应用搭载复杂传感设备的无人驾驶船只，不仅成本便宜得多，而且更加安全。

未来城市的智慧交通

2. 构建用于人工智能训练和测试的高质量、可共享的数据资源和环境

训练和测试数据集的质量、准确性等不佳都会影响到人工智能的

性能和置信度，从而使人工智能无法达到理想的应用效果。因此，美国政府长期致力于创建优质的数据集和环境，并向公众开放共享。

一是为不同种类的人工智能应用制作数据集。因为在实际应用中，模型算法的有效性会因为数据集的不一致性、不完整性而受到质疑，因此美国政府鼓励开发和制作种类广泛的数据集，并积极推动政府数据的共享。

二是开发开源软件库和工具集。不断增加的开源软件库和工具集为开发者提供了便捷的人工智能入口，如用于数据挖掘的 Weka 工具箱，帮助自然语言处理和文件分析的机器学习工具 MALLET，以及自然语言处理工具 OpenNLP 等。这些工具让开发者可以非常方便地开展研发工作，有效降低了人工智能的进入门槛，加速了人工智能技术的发展和应用。

（三）教育培训

人工智能对劳动力市场的影响，与近几十年来计算机化和通信创新所导致的影响类似。一方面，人工智能会代替一些岗位；另一方面，又有一些新的就业机会产生，促进就业率的上升。但当人工智能威胁到大量低收入、低技能、教育程度较低的群体的工作岗位时，极有可能加剧社会不平等。因此，美国政府认为，如何帮助人们迎接人工智能时代的到来、如何处理人工智能对劳动力市场的影响，不仅取决于技术变革本身，更取决于政策和制度的选择。

由于人工智能将改变劳动力市场的所需技能，因此需要对劳动者进行教育和培训，从而为这种转变做好准备，确保他们在就业市场中继续保持成功。这些教育和培训需要大量投资，包括为所有儿童提供高质量的早期教育、对即将就业的人群进行投资、为劳动者提供保障等。

1. 针对未来的就业形势，教育和培训国民

美国早在 2011 年就在国家科学技术委员会下建立了 STEM 教育委员会 [STEM 是英文 Science（科学）、Technology（技术）、Engineering（工程）、Mathematics（数学）的首字母缩写]。2013 年，美国总统科技政策办公室发布了《联邦科学、技术、工程、数学教育战略计划》，以 5 年为一个周期进行支持，提出了一系列目标，包括到 2020 年新增 STEM K-12 教师 10 万名，并对现有的 STEM 教师提供更好的支持，培训 100 万名 STEM 教育的大学生等。这为美国人工智能相关人才的培养提供了很好的基础。

同时，美国还提出了加强国民教育和培训的三大策略：一是加强学前教育，让所有孩子都能获得高质量的早期教育；二是让所有高中毕业生都具备人工智能时代所需要的技能，为胜任相关工作做好准备；三是创造机会，在全美普及高等教育，为找到一份好工作做好准备。

2. 为转型中的劳动力提供帮助，确保所有人受益

白宫 2016 年底发布的《人工智能、自动化与经济》报告指出，政府应该保证求职者能够找到最合适的工作岗位，并通过提高薪资的形式确保他们获得合理报酬。对此，美国政府会通过社会保障等方式为劳动力市场转型中的求职者提供帮助。

一是支持并落实社会保障制度。强化对失业保险、医疗补助、SNAP（补充营养援助计划）及 TANF（家庭临时援助）的支持，确保新兴保障计划，如工资保险及时到位，并为危机家庭提供紧急援助。美

国政府还将建立新环境下的退休制度、扩大医疗服务的受益者数量、实现税收政策与时俱进。

二是解决地域差异的影响。人工智能对不同地区的影响不同，因此政府需要采取“因地制宜”的政策，并鼓励工人转移到拥有更多就业机会的地区，这将有效降低地理区域就业的不公平性。

（四）法律法规

2016 年，美国白宫科技政策办公室（OSTP）组织了五场公开宣传活动，共同探讨相关法律法规的制定和完善。五场宣传活动主题包括：人工智能、法律与治理，人工智能在社会公益活动中的应用，未来的人工智能，人工智能技术、安全与控制，人工智能的社会与经济影响。同时，美国国家科学技术委员会也认为，要根据人工智能的发展及时调整法律政策。

1. 在多个行业领域实现政策创新

为加速人工智能发展、推动人工智能在各行业的应用，美国在医疗、教育等多个行业领域实现政策创新。特别是在无人车政策法规上与时俱进，成为全球人工智能政策创新的标杆，引领着各国政策创新的方向。

延伸阅读

当前，自动驾驶技术正处于产业化探索初期，政策法规与技术进展是否匹配，一定程度上决定了产业的创新速度和竞争力。近年来，美国已出台自动驾驶汽车路测、运营、保险等相关配套政策，通过多种政策手段推动了自动驾驶的发展。

一、路测层面

路测是自动驾驶汽车从实验室走向应用的第一步，美国出台自动驾驶汽车路测相关政策法规，为自动驾驶技术的进一步发展提供政策保障。

在各州政府层面，2011 年内华达州已通过自动驾驶汽车立法，目前为止已有包括内华达州、加州、纽约州、密歇根州等在内的 30 多个州通过了自动驾驶路测相关法律法规，且多数州允许在高速公路、快速路、城市道路等多种情况进行测试。其中最具代表性的是加州，截至 2018 年 4 月，已有 52 家企业拿到加州发放的路测牌照，使其成为自动驾驶测试的产业高地。2018 年 4 月，加州进一步对路测放宽要求，其交管局（DMV）开始接受完全无人的自动驾驶汽车路测申请，前提是汽车需要应对一定程度的网络攻击、可实现双向通信、在规定范围内进行路测等。在联邦政府层面，美国高速公路安全管理局（NHTSA）等部门和美国交通部（DOT）等部门多措并举支持自动驾驶汽车发展。早在 2016 年，美国高速公路安全管理局在回应谷歌的公开信中就表示，根据谷歌对自动驾驶系统的描述，谷歌自动驾驶汽车搭载的电脑可以被视为“司机”。这一表态为没有配置人类司机的自动驾驶汽车在美国上路测试扫清了最后的政策障碍。

同时，美国联邦政府还鼓励各州提供多种复杂路况的测试场地，并指定 10 个国家级测试场。这些分布在美国各地的试验场具有差异化的气候条件和地貌特征，使自动驾驶汽车可以在更加丰富的条件下进行测试，以更好地适应未来商业化的需要。

二、运营层面

随着自动驾驶技术不断取得突破，并逐步向商业化、产业化过渡，部分发达国家已着手制定自动驾驶汽车运营方面的法律法规，以加速自动驾驶汽车运营进程，在全球竞争中取得先机。

美国加州、密歇根州等地均在州层面制定法律法规，明确自动驾驶汽车运营的申请流程或允许运营的场景。如加州允许不配备驾驶员（back-up driver）的自动驾驶汽车独自接送乘客，并为乘客提供额外的保护政策；亚利桑那州为无人车公司Waymo授予网络约车服务执照，为日后自动驾驶汽车的合法运营迈出了重要的一步。此外，2017年7月，美国众议院审议通过联邦层面的《自动驾驶汽车法案》，有望成为美国第一部加速自动驾驶车辆上市的美国联邦法律，具有标杆性的价值和意义。得益于良好的政策环境，Waymo（谷歌旗下自动驾驶汽车公司）、Uber、Lyft等公司均计划在美国多个城市开展自动驾驶汽车运营探索。

三、保障层面

美国还通过研究制定自动驾驶汽车安全监管、致损责任赔偿与保险等制度，进一步保障自动驾驶汽车落地的顺利推进。

美国率先从联邦层面构建统一的安全监管框架。2016年9月20日，美国交通运输部颁布了《联邦自动驾驶汽车政策指南》，首次将自动驾驶安全监管纳入联邦法律框架内。该政策强调安全性为第一准则，针对自动驾驶汽车的设计和研发提出15项安全规范。

2. 构建人工智能伦理，提升系统的公平性

美国政府建议企业和研究者在设计人工智能系统时，需考虑系统本身的公平、合理、透明和可信赖。即算法本身要尽量避免种族、性别和人群等歧视，而且研究者需要了解如何设计好的人工智能系统，从而让那些依靠系统作出的决策更加透明，容易被人类理解。

研究者在推出新算法的时候，应当确保人工智能作出的决策与现有的法律、伦理相一致。这需要解决两个问题：一是如何将伦理难题准确地翻译为人工智能可以识别的语言；二是当面临新的道德困境时，人工智能如何决策。

未来，美国人工智能伦理框架的构建将包括多体系、多层次的判断，如匹配规则的迅速回应、遵守文化准则等。美国政府建议研究者要更好地描述和设计 AI 系统，使其符合道德的、法律的和社会的目标。

二、欧盟人工智能战略

2018 年 4 月，欧盟通过《欧盟人工智能》（Artificial Intelligence for Europe），阐述了欧盟对人工智能的态度，承诺在 2020 年前将欧盟对人工智能的投资由 2017 年的 5 亿欧元增加到 15 亿欧元，并确立了三大任务：（1）增加各行业对人工智能技术的应用；（2）为人工智能带来的劳动力市场的转型做好准备；（3）建立伦理和法律框架。欧盟也与各成员国积极合作，制订关于人工智能的协调计划，鼓励跨欧盟的协同与合作，共同确定前进的方向。

约26亿欧元用于“地平线2020”期间（2014—2020）在人工智能相关领域的投资（包括机器人技术、大数据、医疗、交通以及未来新兴技术等）

“地平线2020”覆盖的7亿欧元+来自私人投资的21亿欧元，用于智能机器人项目的研究

通过欧洲投资基金会投资的270亿欧元，用于技能培训。其中23亿欧元专门用于数字技能的培训

图 7-2 欧盟 2014—2020 年的人工智能投资

（一）基础研发

欧盟非常重视基础研发工作，从早年的人脑计划到最新的欧盟政策文件，都强调了基础研发的重要性。

1. 推出人脑计划，探索前沿问题

2013 年 10 月，欧盟推出《人脑计划》（Human Brain Project，HBP）。该计划旨在通过计算机技术模拟大脑，建立一套全新的、革命性的生成、分析、整合、模拟数据的信息通信技术平台，以促进相应研究成果的应用性转化。该计划项目为期 10 年，欧盟和参与国将提供近 12 亿欧元经费，是全球最重要的人类大脑研究项目之一。欧洲脑科学家希望在 2024 年该计划完成时，设计出能够模拟人脑运作原理的超级计算机。

2. 加强基础研究，推动欧洲人工智能研究卓越中心的建设

2018—2020 年，欧盟将从 200 亿欧元的总投资中划拨出 27 亿欧元，以支持突破性的项目研究，如无人监督的机器学习、能源和数据等。这一方案对发展人工智能并将其应用于健康、农业和制造等领域具有较大帮助。

欧盟还将支持和加强整个欧洲的人工智能卓越中心的建设，并鼓励和促进其合作与网络化，升级人工智能卓越中心的泛欧网络。

3. 支持“人工智能需求平台”建设

为了鼓励中小型企业、非技术部门等测试人工智能、掌握最新的技术，欧盟将支持“人工智能需求平台”（AI-on-demand platform）建设，旨在为所有用户提供一个开放平台，包括计算能力（云计算、高性能计算）、数据库、算法等，帮助他们将人工智能解决方案应用到产品和服务中。

（二）行业应用

2018 年 4 月通过的《欧盟人工智能》文件指出，欧盟将通过增加预算投入来推动人工智能在行业中的发展与应用。除了专门用于突破性项目的 27 亿欧元外，欧盟还将大力支持交通、医疗、农产品、制造、能源、下一代互联网技术、安全和公共管理等领域人工智能产品的测试与实验，建立相关的实验基础设施，以增强欧洲在 AI 领域的优势。目前，欧盟已将人工智能运用到各个行业：农业方面，有能够机械除草、减少农药需求的无人驾驶农用车，以及喷洒农药的无人机；交通方面，高速公路试验项目中使用的人工智能和物联网，为驾驶员提供安全驾驶建议，减少了交通事故的发生率；医疗方面，人工智能系统已经能与患者通过对话进行沟通，为患者提供咨询和诊断参考；生活方面，发明机器人矫形假体，以恢复截肢者的活动能力；机械制造方面，由机器人负责汽车制造厂里工人的重复性任务，提高制造过程的效率。

播洒农药的无人机

另外，为了支持人工智能发展，欧盟不仅将继续努力获得更多数据，还提出了一系列举措来发展欧洲数据空间，包括：修订公共部门信息开放政策、出台私营部门数据分享指南、修订信息获取和保存的建议、出台医疗健康数字化转型的政策等。

（三）教育培训

欧盟在发展人工智能的过程中主要面临三大任务：一是提高全社会的人工智能技能。这意味着所有欧洲人都应具备基本的数字技能，以及任何机器都不可替代的技能，如批判性思维、创造力或管理技能等。二是欧盟需要集中精力帮助那些受人工智能影响较大的群体。这也是确保所有公民都能获得社会保护的措施之一。三是欧盟需要在人工智能领域培养更多的专家，巩固欧盟学术卓越的悠久传统，不仅要为人工智能专家创造合适的环境，让他们在欧盟工作，还要努力吸引更多的海外人才。对此，欧盟在教育培训方面也做足了准备。

1. 提高全社会的数字技能

2016 年，欧盟发起了一项全面计划——《欧洲的新技能议程》，来帮助人们培养当前劳动力市场所需要的技能。作为议程的一部分，欧盟向成员国提出建议：提高成人的算术能力和数字技能；关注终身学习，特别是在科学、技术、工程和数学（STEM），数字能力，企业家精神和创造力方面；提出数字教育行动计划，目的是培养所有公民的数字技能能力。

为了适应人工智能带来的劳动力市场的转型，人们必须获得当前社会所需要的技能和知识，掌握新技术。在新技能培养的过程中，国家的投入必不可少。在 2014—2020 年期间，欧盟将在“数字技能”方面专门投资 23 亿欧元，以推动公民人工智能技能的提高。

为了提升就业者的数字技能，2018 年欧盟推出了“数字培训”（Digital Opportunity Traineeships）及“数字技能和工作联盟”（Digital Skills and Jobs Coalition）的行动，前者支持旨在获取先进数字技能的实习，后者则旨在扩展编码技能和增加数字专家。具体行动内容包括：一是建立专门的培训和再培训计划，将企业、工会、高等教育机构和公共机构聚集在一起，为那些受人工智能冲击较大的群体提供财政支持；二是收集详细的情况分析，以预测劳动力市场的变化；三是为学生和应届毕业生提供高级数字技能培训；四是鼓励校企合作，逐步吸引和留住更多人工智能人才；五是鼓励教育和培训系统的现代化，以支持劳动力市场的转变和社会保障体系的调整，适应人工智能带来的社会、经济变化。

2. 培养跨学科的人工智能人才

自 2011 年以来，欧盟的信息通信技术专家的人数每年增长 5%，创造了180万个就业岗位。但在欧洲，目前人工智能相关专业人员至少还有35万个职位空缺，特别是高端人才严重供应不足。因此欧盟表示，需要大力促进人工智能人才的培养，特别是那些跨学科的人工智能人才。为此欧盟建议，各国政府不仅应鼓励联合学位的培养，例如将法律、心理学和人工智能相结合，更应鼓励年轻人选择人工智能学科和相关领域作为职业。

（四）政策法规

为给人工智能的发展创造一个良好的环境，欧盟制定了基本的法律框架。除已有的《欧洲联盟条约》《欧盟基本权利宪章》外，欧盟还制定了一系列政策法规，如《通用数据保护规定》（*General Data Protection Regulation*）、“机器人学”的民法规定等，从而为人工智能的开发和使用保驾护航。此外，欧盟也支持人工智能产品和服务的测试与实验，为这些产品和服务走入市场做准备，这对确保人工智能产品和服务的安全性具有重要意义。因为决策者能够从测试及实验中获得新技术应用的相关经验，从而制定合适的法律框架。

一是制定《通用数据保护规定》，确立数据保护标准。该规定为保护个人数据建立了高标准，密切关注规定中的每项条例在人工智能背景下的应用，并呼吁国家数据保护机构和欧洲数据保护委员会也严格遵守规定。

二是成立欧洲人工智能联盟，起草人工智能伦理指南（AI ethics guidelines）。其中，人工智能伦理指南草稿已于2018年12月发布，主要探讨了人工智能对工作的影响、公平、网络安全、算法透明度等诸多问题，以及人工智能对基本权利（如隐私、消费者保护、禁止歧视）

的影响。

三是制定产品责任划分和认定的指导性文件。人工智能的出现，使政府需要反思既有规定对人工智能产品责任认定的适用性。对此，欧盟将根据实际的技术发展情况，在 2019 年发布关于产品责任划分及认定的指导性文件，确保缺陷产品的法律责任明确性。同时，还将在 2019 年发布一份关于人工智能、物联网以及机器人责任和安全框架的报告，阐明这些规定的影响、潜在的法律空白和应对措施。

三、英国人工智能战略

作为欧洲大国之一，英国在人工智能发展上也不甘落后。2018 年 4 月，英国政府发布政策文件《产业战略：人工智能领域行动》（*Industrial Strategy*：*Artificial Intelligence Sector Deal*），针对前一年发布的产业战略中提及的“人工智能与数据经济”挑战，从想法、人才、基础设施、商业环境、地区五个方面制定了具体的行动措施，以确保英国在人工智能领域的领先地位。

（一）基础研发

英国非常重视人工智能相关的基础研发，一方面打造以 5G 为代表的新一代的信息通信基础设施，增强国家的数字能力；另一方面，由政府出资，支持研究机构加强机器学习等相关领域的研发。

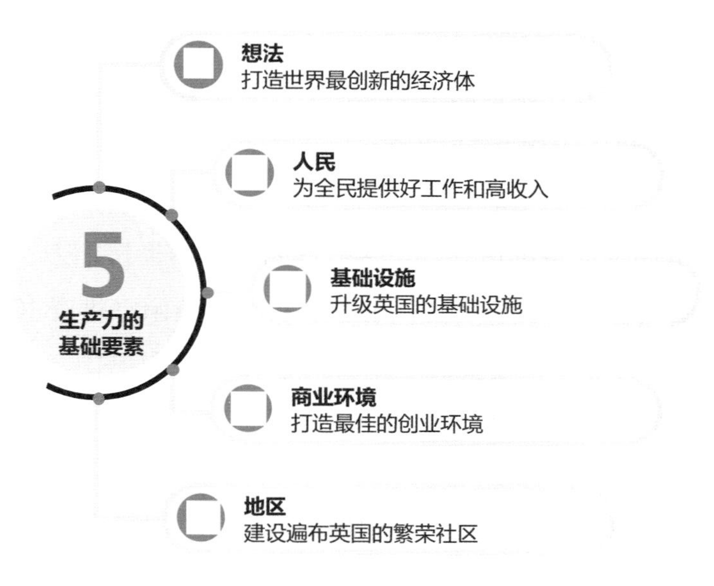

图 7-3　英国人工智能产业战略的五大措施

1. 提高政府部门的资金投入，支持人工智能基础研究

英国政府在产业战略上提出了一个愿景，那就是成为世界上最具创新性的经济体。为了实现这一目标，英国政府着力提升对人工智能的资金支持。

2016 年，英国工程和物理科学研究理事会（EPSRC）投入 2.06 亿英镑支持英国人工智能技术的 145 个研究项目，主要包括自动和智能系统、自然智能系统（nature-inspired intelligent systems）、机器学习和多主体系统，以及信息通讯技术等的研究。

根据 2018 年发布的《产业战略：人工智能领域行动》文件，英国将投入 2000 万英镑创建政府科技（GovTech）基金，使科技企业能够为政府的公共服务提供更有效、更具创新力的解决方案。到 2027 年，英国政府将把人工智能领域的研发总投资提高到 2.4%，并将人工智能研发的支出信贷比率提高到 12%。此外，英国工程和物理科学研究理事会（EPSRC）还将拨款 3 亿英镑，资助与数据科学和人工智能相关的研究；拨付 8300 万英镑资助 159 项人工智能提案；拨付 4200 万英镑资助阿兰·图灵研究所建设。

2. 升级英国的基础设施，以提升国家的数字连接能力

为了确保在人工智能时代能够引领世界，英国将投资 10 亿英镑，将英国建设成为一个具有世界级数字能力的国家。这其中，包括投入在 5G 和全光纤网络领域的近 4 亿英镑。具体而言，英国将在以下三方面取得重要进展：

一是增强英国现有的数据基础设施建设。英国将逐步增强数据基础设施建设，发布更多高质量的公共数据。为了方便用户对数据的访问，以及企业对人工智能技术的使用和创新，英国还将建立地理空间委员会。

二是建立公平、公正和安全的数据共享框架。为了打破数据共享的壁垒，英国将与各部门主要数据的持有者及数据科学机构合作，探索安全、可靠、公平的数据传输框架和机制。

三是建立强大的电信基础设施。英国将加大在电信基础设施领域的投入，最终实现 95% 的超快速宽带覆盖率。同时，英国还将大力开发 5G 移动网络，并努力建设全光纤宽带来构建新一代的数字基础设施。

（二）行业应用

目前，英国已将人工智能运用到早期慢性疾病诊断、减少农作物疾病、向公共部门提供数字化服务等领域。例如，随着 AlphaGo 在 2016 年战胜韩国围棋冠军李世石而声名鹊起的 DeepMind 公司，除了在游戏

领域推进 AI 的相关应用，DeepMind 公司还帮助放射科医生对患者的片子进行早期的诊断，为医生提供决策参考。

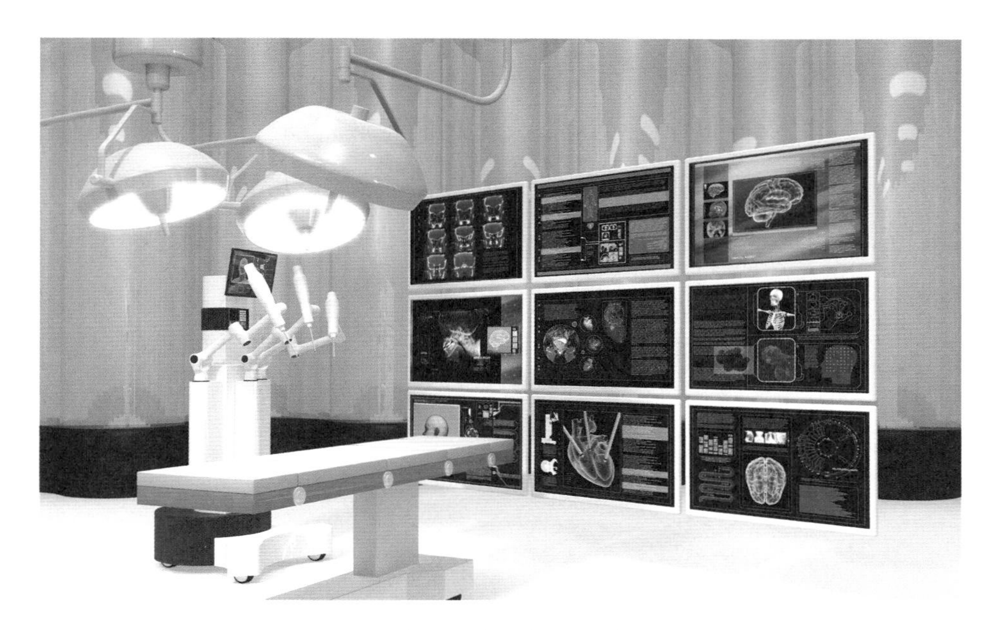

人工智能医疗帮助患者诊断疾病

为了支持人工智能创新，英国政府将建立一个创新研究中心网络，并投资 2000 万英镑，用来开发人工智能和数据驱动技术在法律、保险等服务领域的应用。英国还将投入近 9300 万英镑，用于极端环境中机器人和人工智能的研发，并致力于将机器人和人工智能技术运用在海洋和核能、空间和深度开采等产业中，为极端环境中工作的人们提供更多的安全保障，防止潜在的危害，并提高生产力。

（三）教育投入

为了给民众创造良好的就业机会和更高的收入，并让全社会具备开发和使用人工智能的专业知识，英国政府不仅投入大量资金，还为不同层次的人群分别提供技能培训方法，支持人们获取新技能。

1. 投入大量资金培养培训人才

2018 年公布的《产业战略：人工智能领域行动》提出：英国政府将投资 1 亿英镑来支持人工智能及相关学科的博士培养，在 2020 年至 2021 年间该学科领域将增加 200 名博士生，到 2025 年实现至少有 1000 个政府支持的人工智能博士的目标。此外，英国还将在数学、数字和技术教育领域投资 4.06 亿英镑，包括向 8000 名计算机教师提供技能培训并创建全国计算机中心，用来解决科学、技术、工程和数学（STEM）技能的不足，建立就业再培训计划。

2. 大力吸引全球高技能人才

《产业战略：人工智能领域行动》提出，英国政府将推出“全球图灵奖学金计划”，以吸引并留住来自世界各地的最优秀的人工智能专家，提高英国的人工智能研究水平。同时，英国将把 1 级（Exceptional Talent）签证倍增至一年 2000 张，以吸引全球最优秀的科学、数字技术（包括人工智能专家）、工程、艺术和创意等方面的人才。为了实现这一点，英国将大力探索各类获得签证的途径，并修订移民法规，让最优秀的科学家和研究人员到达“特殊人才”的层次，以便在三年后申请定居。英国也将简化雇佣国际研究人员的手续，让他们更快速、更便捷地来到英国。

此外，英国政府还采取措施促进人工智能发展的多样性。如英国政府将与人工智能协会合作，提升人工智能的多样性，培养多元化的劳动力人才，从而为人工智能的快速发展做好准备。

（四）政策环境和法律法规

英国政府正在积极构建一个良好的创新环境，以推进产业创新，并吸引全球的优秀人工智能企业在英国落户。英国还在监管和鼓励创新的政策上作出了一些很好的尝试，特别是在无人车等新兴领域。

1. 打造良好的创业环境

英国政府致力于创造良好的政策和法律环境，从机构设立、企业支持等方面，推动国内人工智能的快速发展。

一是设立人工智能委员会，推动英国人工智能发展。政府将成立一个由工业界和学术界领导组成的委员会，推动人工智能发展，监督协议的执行，并向政府提供建议。同时，政府还将成立一个新的人工智能办公室，与人工智能委员会合作，起草并实施人工智能战略和其他相关计划。

二是在全球推广英国的人工智能。政府将与新的人工智能委员会紧密合作，扩大对英国人工智能企业的出口和投资支持，加大对创新型人工智能和数据业务的出口支持。英国将投入75亿英镑，用来设立新的投资基金，扩大对创新性知识密集型企业的投资与支持，并继续发展人工智能生态系统，促进人工智能在英国和全球的发展。此外，英国2017年还推出了相关政策措施，着眼于吸引人工智能和大数据企业在英国设立总部。

2. 制定相应的法律法规

为妥善处理应对和监管人工智能进步所带来的各种道德和法律问题，英国政府作出了相关的政策研究。2016年9月，英国下议院科学与技术委员会发布《机器人技术和人工智能》报告，提出在机器人技术和人工智能系统的部署中，应注重系统的检验和确认、隐私与知情权、规则制度与责任划分、提高决策系统的透明度、最小化偏见和歧视，以保证人工智能按照既定的计算机算法运行，消除公众的不信任和消极偏见，明确责任，保护数据安全。

为了在创新和监管中取得平衡，英国政府将建立持续的监管制度，并谨慎选择监管方式，以防一刀切的监管方式阻碍科技创新以及未来的发展与应用。目前英国已经在政策创新方面作出了很多积极的尝试，特别是在无人车领域，英国较早在国家层面赋予路测的合法地位。为吸引全球企业入驻英国发展自动驾驶，英国交通部于 2015 年 8 月出台了《无人驾驶之路：路测规范》来支持企业路测，要求车辆事先在封闭场所经过路测验证，同时做好数据记录如驾驶模式、车辆速度、车辆警告等，还强调要严格保护个人数据。2017 年 2 月，英国又出台《汽车技术和航空法案》，这也是全球首部涉及自动驾驶汽车保险的法案，要求车主同时为本人和自动驾驶汽车购买强制责任保险产品，为无人车的运营提供了制度化保障。

四、国外经验对我国的启示

当前，人工智能全球竞赛已经开始，各国政府和企业都在紧锣密鼓地布局技术研发和行业应用。在这场分秒必争的竞赛中，中国并不落后，甚至在一些领域与美国站在同一起跑线上。国际成功的经验，对于我国人工智能的进一步发展具有重要的启示意义。

一是坚定地推进人工智能产业发展。历史上的每一次技术革命都深刻重塑了全球竞争格局，如蒸汽机时代的英国成为“日不落帝国”，电气化、信息化时代的美国成为世界超级大国。未来，谁能抓住人工智能新一轮技术革命的历史机遇，谁就能一跃而上，赢得一个相当长时期的大发展。这是我国绝不能错失的战略机遇。目前，我国已把人工智能发展放在国家战略层面进行布局，党的十九大报告也明确提出了要推进人工智能和实体经济深度融合。但同时，我们也要看到，人工智能当前仍处在早期的发展阶段，“人工智能威胁论”等危害产业发展的观点也时有存在，所以要深刻认识我们人工智能发展初级阶段的特征，在观念上统一认识，坚定地支持人工智能产业的发展，不能因为一些科幻作品的想象，而担心和惧怕人工智能，更不能因此而裹足不前，错失发展机遇。

二是自觉改革那些不适应我国人工智能发展的法律法规、体制机制障碍。人工智能作为新技术，与各行各业的结合，产生了大量的新产品、新模式和新生态，这些新事物难免与原有的一些法律法规发生冲突。比如无人车就是一个最为典型的例子，我国原有的道路安全相关法规并不允许没有司机的车辆上路，而无人车时代的变革要求我们必须创新制度。在这方面，欧美等国已经走在了我们前面。美国无人车已经在公开的道路上开展了运营服务，而我国首个无人车上路测试指导意见在2017年12月才出台，比美国晚了6年，而且还存在不允许进入高速公路等各项限制。因此，我们需要进一步梳理现在与人工智能发展不适应的相关体制机制，让政策创新引领产业的发展。同时，鉴于数据在产业发展中的重要意义，全球发达国家已经在大力开放政府数据，促进人工智能的发展，这个做法也值得借鉴。

三是要加大基础研究的投入。从全球人工智能的发展历程看，这次人工智能的再次兴起，一方面与数据量的爆发式增长、计算能力的提升相关，另一方面则与基础理论、算法上取得的重大突破密不可分。当前，深度学习是一种最为流行的有效的算法，各国都在加紧研究迁移学习、无监督学习等人工智能的算法，如果谁能够率先取得突破，谁就有可能在未来的竞争中取得领先。此外，还有一些如量子计算、边缘计算、脑科学等基础研究，也与人工智能的发展密切相关，需要政府投入更大的资金和资源，支持人工智能的基础研究取得突破。

四是构筑立体的人才梯队。一要加大对顶尖人才的培养和吸引，通过高校、研究机构和企业，联合培养具有国际影响力的高端人才，并重点招引海外优秀华人专家归国，为我国人工智能产业建设多作贡献。二要大量培育实用型人才，结合各行业的实际应用需求，培养那些能够打通产学研用的人才，让他们在行业的智能化升级中发挥更大的作用。三要加强高校、中小学人工智能课程培训，从学生时代就培养人工智能的思维和能力，夯实人才后备力量。

五是加快人工智能与各行业的深度融合。积极推动人工智能在农业、制造业、能源、金融、交通、物流、零售、医疗、教育和扶贫等领域的应用，降低行业成本、提升运营效率、增进社会公平，通过人工智能推动产业的转型升级，构建智慧社会、增强人民的幸福感和获得感。

六是保持对人工智能局限性的关注。人工智能在推进经济增长、社会智能化的同时，也可能伴生相应的算法歧视、失业、法律、伦理道德等问题。美国、英国等西方国家都提出加强对人工智能相关的伦理道德、失业等问题的研究，这些也值得我们借鉴。

第八章

人工智能的挑战与应对

人工智能的现实冲击与挑战

领导干部如何应对人工智能

当前，人工智能的爆发式增长正在席卷整个世界，我们能深切感知到“未来已来”！“人工智能+”正在成为社会的思维模式和发展模式，人工智能与各领域的深度融合和创新，正在颠覆我们的生活，改变世界的面貌。正是这种深刻的影响，将可能让我们的现实生活经受较大冲击，甚至对未来人类的发展提出一些挑战，如何应对这种冲击和挑战，推动人工智能健康发展，就成为我们每个人尤其是领导干部需要思考的重要课题。

一、人工智能的现实冲击与挑战

人类逐渐迈入一个新时代，当前社会正处在从“互联网+”向“人工智能+”转型的过渡期，这也是我国建设创新型国家和科技强国的最好时机。在部署人工智能发展战略，将新技术运用到各个具体领域的过程中，整个社会的运行方式会发生一些大的变化，人类在获得更大解放的同时，也将会面临失业、立法滞后、安全漏洞、伦理道德困境等一系列问题。

（一）对就业的冲击

2018 年 1 月，阿里巴巴的首家无人超市在杭州落户，顾客只要打开手机上的淘宝，扫码进店，挑选完商品经过两道结算门，系统会自动结算并扣款，整个过程不需要任何服务人员。人工智能在零售业的运用将会成为一种趋势，收银员、售货员这样的岗位会越来越少。在人工智能带来的巨大影响中，“机器代替人”的问题一直是人们关注的焦点。

1. 正在被抢走的饭碗

据中国机器人产业联盟发布的消息，2017 年国产工业机器人已服务于国民经济 37 个行业大类、102 个行业中类，行业涉及汽车制造、计算机、通信和其他电子设备制造业、食品制造、医药制造、专用设备制造等。这些相关行业中的部分岗位对人类劳动力的需求将会越来越少，失业的危险不断增加。麦肯锡全球研究所的一份报告甚至预测，到 2030 年，全球将有多达 8 亿人的工作岗位被自动化机器人取代。失业将成为人类社会面临的重大社会问题之一。

人工智能最先运用的领域是操作性、程序性的工作，根据 2016 年 10 月发布的《乌镇指数：全球人工智能发展报告（2016）》，短期内人工智能的应用主要集中在个人助理、医疗、教育、自动驾驶、电商零售、金融、安防这七个方面。从人工智能技术的发展前景来看，不仅那些低技能、低工资的“蓝领”将面临大量失业，一些“白领”岗位也面临失业的危险，比如部分会计、医生、律师等，这些高脑力劳动需要处理大量的数据和文本，而计算机强大的计算能力远远超过人脑，更能胜任这样的工作。

可以说“机器代人”是未来的大趋势，许多工作岗位都不再是人类专有，有的工作岗位将与人类无缘。2018 年 1 月末，美国 Alphabet 公司旗下的 Waymo 无人驾驶车项目获得亚利桑那州交通运输部的许可，将作为一家运输网络公司运营，这将是首家获批运营的自动驾驶公司，标志着自动驾驶从科研走向了实际应用，驾驶员这一人类职业会不断萎缩。随着人工智能与实体经济领域的进一步融合，这样的应用案例将会越来越多。

虽然目前人工智能还不能与人脑匹敌，但是人类的大量工作存在重复性，人工智能不一定要达到人类的智慧，只要在特定行业的特定能力上超过人，就可以把人从这类工作中排挤出去。如果说简单的、重复性的工作易于被替代情有可原，那些需要人类创造性的领域情况怎么样呢？这要根据创新的程度而定。对于一般性的创新，人工智能早已超过了人类。2017 年 5 月 19 日，微软人工智能机器人小冰发布了原创诗集《阳光失了玻璃窗》；加州大学圣克鲁兹分校的音乐教授戴维·柯普教授编写的 EMI 程序，能模仿巴赫、贝多芬、肖邦等音乐家的风格，创造出激动人心的曲目。实际上，在测试中，人们根本找不到一条可以区分人的作品与机器作品的明确分界线。人工智能通过对大量音乐、诗歌等作品的学习和分析，能够提取经验模板，再根据关键词创造出作品。这种创作更多的是一种组合和模仿，虽然并不能取代经典作品，但已经达到了一般专家的水平，可以取代许多知识分子的工作。

总而言之，人工智能带来失业是必然的，有越来越多的传统工作岗位会被机器取代，人们能守住的“旧阵地”会越来越少，就业市场将重新洗牌。

2. 就业的新前景

从工业革命起，人类劳动力被机器取代的问题就一直纠缠着我们，每当一种新技术大规模运用时，这个问题就会被重新提起。19 世纪早期，发生在英国的卢德运动就是工人们对失业的本能反应。但其实，随着科学技术的发展，机械化又创造出了更多的工作岗位。不仅流水线生产需要熟练工人，而且许多管理岗位需求应运而生，大量人口从农村走向城市，生产能力得到极大提高，社会财富增加，人们生活水平得到改善。

西方社会经过大萧条与经济复苏的起伏后，对于科学技术带来的失业问题，已经形成了共识：虽然就业岗位在不断调整，但岗位的总数量没有减少；旧职业被淘汰，总会有新职业出现；被技术淘汰的主要是低技能的工人，只要他们重新接受新的职业培训，就能再一次被劳动力市场接纳。

尽管人工智能对已有的就业岗位会造成很大冲击，但新技术会创造许多新的岗位，比如算法工程师、虚拟世界设计者、大数据分析师等。相对于欧美发达国家来说，我国人工智能领域的研究起步较晚，不论在基础设施建设、软硬件技术，还是在人才培养上都有一定的滞后性，要实现“换道超车”就需要一大批人工智能领域的优秀人才。在当前一段时间内，人工智能人才缺口很大。

这种失业危机下的人才需求现象，是新技术发展和应用的必然现象。从各国的统计数据来看，一方面产业转移带来岗位迁移，另一方面技术也创造了新的工作岗位，从 1999 年至 2016 年间，技术变革为欧洲创造了 2300 多万个工作岗位。根据世界银行的报告，目前技术的破坏性效应在全球并未表现出来，相反技术提高了人类整体的生活质量。“人工智能 +”的产业模式，不仅为就业创造了更多机会，并且改变了工作的性质，关键在于人们的职业训练要跟上职业需求的变化。低技能职业者要转到新的工作岗位，成本很高，有些人可能很难甚至无法转型成功。因此，人工智能对就业的冲击，最终转化成职业技能训练问题，对社会观念、国家政策、教育战略、企业培训等方方面面提出了新的要求。对以上问题，我们要及早重视起来，采取相关措施。

（二）对法律制度的冲击

2017 年 7 月国务院发布了《新一代人工智能发展规划》，其中不仅提出建设“智慧法庭”，促进人工智能在证据收集、案例分析、法律文件阅读与分析中的应用，实现法院审判体系和审判能力智能化，以及“人工智能 + 法律”的复合型人才培养模式，还提出要求建立人工智能法律法规体系。这体现了我国对人工智能技术在法律领域的挑战的重视和前瞻性布局。

人工智能技术的发展，带来了新的法律问题，促使法律制度进行变革。同时，机器人和人工智能系统将深刻影响法律实践，未来法律服务市场、司法审判、法学教育等都可能发生重大变化。

1. 呼唤新的法律法规

在长期的实践过程中，各个国家已经形成了比较完善的法律制度，引导人们的行为，调整利益关系，维护社会秩序，促进公平正义。但随着人工智能技术的不断发展，由机器自主性操作造成的损害问题，越来越成为现行法律制度需要积极面对的难题。

现阶段人工智能应用最广泛的自动驾驶领域，正在积极探讨法律责任划分和承担问题。2016 年 5 月，美国一辆以自动驾驶模式行驶的特斯拉 Model S 在高速公路上发生事故，造成车毁人亡。这种因自动驾驶而发生的事故由谁来承担法律责任呢？人工智能是否具有法律人格而承担法律责任？对这次事件，美国公路交通安全管理局给出的最终结论是，特斯拉的自动驾驶功能在设计上不存在缺陷，排除了产品本身的性能问题，对事故的法律责任问题没有明确结论。

传统上根据过错来划分责任的方式，已经不适用于处理特斯拉事件。驾驶员、设计者、生产厂商都没有过错，但依然发生了事故，这种损害究竟该由谁来承担？联合国和美国、德国、英国等国家纷纷修订原有的法律政策，为自动驾驶的应用扫除法律障碍。相关立法主要集中于责任界定。美国对自动驾驶汽车测试事故的责任承担进行了规定，车辆的原始制造商不对自动驾驶车辆事故负责，除非车辆改造前存在缺陷；德国规定车辆所有人承担事故责任；英国扩大了强制机动车保险的范围，自动驾驶事故受害者可以向汽车保险人申请赔偿。

这些不同国家的规定，沿用的还是传统法律的框架，各个国家的做法也相差很大，但都难以从根本上解决智能机器带来的各种法律问题。法律的滞后，已经成为人工智能技术应用和发展需要解决的重要问题。

在其他领域，也会发生类似的问题。如智能医疗中，用智能系统进行诊疗，如果发生了事故该由谁来承担责任？人工智能在生活中广泛运用，将会对我们的整个法律法规系统带来冲击。因为现有的法制是以人作为主体的，责任最终可以追究到具体的人身上。当智能机器承担了人的工作时，也必然转移了人的责任，那么我们该怎样追究智能机器的责任呢？人们是否能够接受由智能机器来接受处罚？……这些问题都是现实而紧迫的，都需要我们认真研究，并提出解决方案。

2. 重塑法律行业

人工智能的发展除了给现行法律制度带来重大冲击外，还深刻影响法律行业自身的实践活动。

第一，智能化、自动化技术优化法律实践，影响法律领域的就业和人才培养。在人工智能技术的加持下，基于法律检索、案件管理、合同分析、文件生成等的工作可以由机器自动完成，把律师和法官从大量烦琐的文书工作中解放出来，他们只需主要承担审阅和决策工作，形成高效的人机协作关系。在此背景下，律师职业可能会受到很大的冲击，一些常规性工作会被机器取代，而与技术相结合的法律人工智能职业会不断涌现，如法律数据分析师、法律数据库管理者等成为就业的新方向。为了适应未来对“法律＋技术”新型人才的需求，重新打造法学人才的培养模式，应着眼于培养法科学生的技术开发能力，构建一种高度融合的跨学科教育。

第二，在线法律服务、在线法院的建设将使法律行业更加公开公正，有助于消除司法鸿沟。传统的律师行业是一个高收入的垄断性行业，面对利益纠纷和损害时，普通收入人群难以得到优质的法律服务，在诉讼裁决中处于劣势。随着人工智能技术在法律建设中的应用，普通人可以以较低成本获得在线法律服务。而智慧法院的建设，可以使司法审判的各个环节信息化，简化诉讼程序，在线解决争端，有助于消除司法鸿沟。

第三，大数据和人工智能的案件预测将影响人们的诉讼行为。案件预测是指计算机在强大算法的支持下，对成千上万份判决书进行自然语言处理，从而对案件的结果进行预估和评价。比如，预测对方律师采取的诉讼策略、胜诉的可能性等。通过案件预测，能帮助当事人选择最佳诉讼策略，降低诉讼成本，并有助于法官同案同判，保证公平正义。但这也同样会扭曲诉讼的性质和目的，改变诉讼行为本身。

（三）对安全性的冲击

在人工智能新的发展浪潮中，数据的爆发式增长至关重要。互联网、物联网提供的数据是人工智能的原料，有了数据原料，人工智能的学习引擎就可以运转起来。人类很早就开始运用数据记事，但直到最近才出现“大数据”概念，并开启了一次重大的时代转型，成为人工智能发展的助推器。

与传统上的数据记录不同，互联网的发展使我们的生活浸润在数据之中，计算机、智能手机及各种智能系统收集着我们的一言一行。随着互联网、物联网、云计算、智能设备等的进一步发展，万物数据化皆有可能，从个人到企业、政府和国家等各个层级都能产生大数据，人工智能技术对这些数据的创新利用，可以适用于工业、消费、金融、医疗、环境治理、政府管理等各个方面。

大数据的价值通过人工智能的挖掘可以不断释放。在数据收集完成后，可以通过多种分析，为决策提供参考。同时，还有一些从事数据交易的公司，他们通过出售数据获得收入，一方面扩大了数据发挥作用的范围，但另一方面，也存在数据泄露和被其他机构非法使用的风险。这给现有的个人信息保护制度带来了新的挑战。已有的隐私保护主要是采用知情同意、匿名化处理、加密等方法进行的，这些方法在数据使用初期能起到一定的作用，但数据的反复使用会使个人知情权成为虚设。同时匿名化处理对大数据也越来越无效，即使每个数据库都进行了匿名化处理，但人工智能技术通过对多个数据库的综合分析，依然能够准确挖掘出详细的用户信息。可以说，人工智能的发展使得安全性漏洞成为日益严重的问题，使个人信息处于极大的危险中。对于企业的发展来说，数据安全也是个至关重要的问题。传统企业在实现数字化转型的过程中，人工智能技术与大数据的结合成为关键。企业生产的各个环节都数据化、智能化后，任何数据的泄露、针对企业系统的攻击都会带来不可估量的损失。

随着各技术公司在生产生活方面积累的数据量愈发庞大，人工智能技术在越来越多的领域广泛运用，开放政府数据成为实现国家治理能力和治理体系现代化的必然要求。2009 年美国开放数据门户网站 Data.gov 上线，成为政府主动开放数据的标志性事件，此后，其他国家纷纷跟进，英国、加拿大、新西兰等发达国家相继宣布政府数据开放计划或战略。2015 年，我国也提出要尽快建成国家政府数据开放平台。政府数据开放已经成为各个国家的发展战略，但由此也产生了新的安全性问题，因此在数据开放的过程中，我们要注意以下问题。

首先，要制定公共数据开放的路线图，也就是要计划开放哪些数据、怎样开放、开放到什么程度。要对政府数据开放制定标准化程序，优先推动信用、交通、医疗、卫生、社保、文化、教育、农业、科技、环境、金融等民生保障服务相关领域的政府数据向社会开放。其次，要多管齐下鼓励和促进企业和大众对数据进行开发利用。数据开放，更重要的是“用”，侧重于数据被开发利用后的社会经济价值。因此，政府数据的开放必须是完整的、未修改的、及时更新的、可被读取的。最后，要应对国家治理的新挑战。未来，不仅是企业，而且政府各部门，对数据的需求会越来越大，很多决策都建立在大规模数据基础之上。各种技术公司、社会组织等掌握大量的数据，这些数据可以在各种层面上被运用，会带来社会治理方面的新趋势，同时有些数据不仅在一个地区、一个国家内可获得，甚至在全球内都可以获得，这样更加大了国家治理的难度。

数据规模和安全成为一枚硬币的两面，人工智能技术的发展，要求在两者之间保持平衡。因此，发展人工智能要加强对核心数据和个人隐私的保护，一方面要鼓励发展保障数据安全方面的技术；另一方面要提出政策解决方案，政府要对数据进行分类分级，对于重要的隐私数据，要进行隔离保障，同时还要建立数据安全方面的监管方案及应急预案。

（四）对伦理道德的挑战

2017 年 1 月，在美国加州举办的阿西洛马会议上，近千位人工智能和机器人领域的专家联合签署了阿西洛马人工智能 23 条原则，呼吁全世界的科研人员在发展人工智能时遵循这些原则，共同保障人类未来的利益和安全。这 23 条原则最突出的一点，是其中的伦理诉求，可以把它解读为“以人为本”的人工智能发展原则，要求人工智能的设计和运行要与全人类的利益相一致，保证人类的安全，符合人类的价值观。

在自动化发展的历程中，机器一直是作为工具听命于人的操作。但是智能机器与普通工具不同，正在从被动工具转变成能动者，它在感知能力、认知能力、学习能力、决策能力等方面越来越接近人，甚至超过人。可以预见，随着人工智能技术的进一步发展，智能机器参与社会生活的广度和深度越来越大，在不远的将来，工业、服务业、农业、交通运输、看护、医疗、法律等诸多领域，各式各样的智能机器或机器人会成为司空见惯的事物。

人类行为不仅具有目的性，而且行为的实施过程要遵循社会价值规范，智能机器在完成人类任务时，是按照人类设定的规则来进行的。但是，人工智能具有深度学习能力，能够处理人类所无法处理的复杂任务，智能机器就可能打破预先设定的规则，具有“自主”思考的能力。虽然智能机器是人类设计并编制的程序，但是它的决策和行为不是接受的人类直接指令，而是基于所获得的数据进行的分析和判断，人工智能系统的决策过程类似于“黑箱”，最后的结果可能超出人类的预期和控制。

当决策者是人时，人类要为机器的行为负责，有相应的法律和伦理要求规范机器的使用。人工智能技术的发展，使人类的决策权力在一定范围内逐渐让渡给智能机器，这一转变对人工智能提出了伦理要求。为了维护人的自由、权利与安全，要建立针对机器的新的伦理规范。对于智能机器能否成为道德主体，该承担多少责任，专家们有许多讨论。

一种观点认为，智能机器尤其是机器人应该承担道德责任，因为机器人具有自主能力。同时，机器人确实可以自主作出一些重要的决定，但它进行判断的依据是预先编制好的软件程序，机器人可以承担道德责任，但并不能脱离人类而成为独立的责任主体。因此，与机器相关联的设计、制造、使用等人员也需要承担连带责任。

另一种观点认为，与传统上人对机器行为具有控制能力不同，人工智能创造了一种新的情境，程序员、制造者和使用者原则上不能完全控制和决定机器的行为。智能机器的行为不止由初始状态和内在程序所决定，更多地取决于机器与运行环境之间的相互作用，这往往超出了人类

未来的机器人医生

的监控能力，因此人类无法为智能机器承担道德责任。

由此可见，对智能机器能否承担道德责任这个问题的回答面临着两难，要么人们不让智能机器自主决策和自主行动，要么不能用传统的责任分配理论来处理新的伦理困境。对于前者，自主能力是人工智能发展的重要指标，人们不仅不会停止其使用，而且会进一步朝着机器意识的目标前进。目前许多国家都在积极研发军用机器人，要在远程环境中自主执行任务，必须开启自动模式，拥有威胁人类安全的能力。如果人们无法为这样的智能机器承担道德责任，那么在人工智能系统的设计中嵌入人类社会的价值规范就是必需的。

但这里也面临着很大的挑战。首先，伦理、法律等价值规范能否被转化成计算机代码还有待确认。其次，哪些价值规范应该被嵌入到计算机系统中也存在疑问。伦理道德原则具有多样性，不同的文化、不同的地域具有不同的价值系统，并且原则之间并不具有一致性，很难形成有共识的通用原则。最后，即使为人工智能系统嵌入了合适的伦理道德规范，如何能确保其不违背这些原则也是一个重要的问题。尤其是如果人工智能发展到强人工智能，我们不知道它对人类是否友好，会不会依然遵从人类的命令和价值规范行事。考虑到伦理原则嵌入到人工智能系统中的困难和不确定性，并不能由此解决机器的道德责任问题，还需要有一套外在的监督和制裁机制。

既然智能机器在作出决定和执行任务时，不受人类的直接控制，具有很大程度的自主性，那么可以把追责的时间前移，强调科研人员、设计制造者、管理者等人的前瞻性道德责任。虽然我们不能有效控制智能机器的行为，但可以把它的行为控制在一定范围之内，并预测其持续的社会效应和可能的损害。如果设计者和生产商没有按照公认的标准行事，由此带来的损害由他们承担。同时由科技人员组成的学会和团体要承担风险和安全评估责任，而政府管理部门要对人工智能产业发展进行科学合理的规划和监管。此外还有使用者自身责任问题，使用者应对不当使用造成的后果负责。

事前责任分担能够把智能机器的道德责任具体化，但是如何分配责任又是一大难题。因此，在对人工智能开展研究和应用的同时，要探索并设立相应的标准体系，为未来人工智能的发展设定航线，既要不阻碍科学技术发展，又能规避未来的风险。

（五）关于未来的一些思考

在 21 世纪，科学技术的发展使很多人类以前没有解决的问题，都得到了解决。人工智能在剧烈改变我们生活的外部世界的同时，也勾勒了未来可能的新方向。

首先，数字化生存让人类体验更多。数字革命让我们固守在“舒适区”里，幸福地沉浸在自己的世界里。在这个世界里，我们通过浏览点击就可以解决衣食住行等各方面的需求，我们不需要和其他人有具体的接触，就能进行各种连接，掌控各种交易，实现各种目的。在人工智能时代，我们能感受更多、体验更多，可以真正做到“不出户，知天下”。但是算法也限制了我们接触新事物、新思维的可能性。事实上，人工智能算法给我们的推荐是基于我们已有的选择，因此我们看到的都是我们想看到的，这是一个不断自我强化的系统，你支持什么，系统优先呈现给你的就是什么，那些与我们的态度、观点、方法不一致的东西，很容易被屏蔽。我们了解更多，但不意味着我们会有更多的创见。

其次，人工智能影响人类智能的发展。人工智能突破性进展的获得，在于机器学习能力的提高，从而在图像识别、语音识别、机器翻译等方面得到长足发展。而人类个体通过后天学习积累知识，是一个缓慢的过程，并且还要与各种错误和遗忘作斗争，在某些特定的领域，人工智能在学习效率上已经远远超过了人类，这将可能影响人类智能发展的方向。在知识积累上我们比不过机器，可将累积性的任务交给机器，这样人类的教育不再着重于知识的记忆，而是着重于思维方法的训练，着重于运用知识的能力。

再次，人工智能促使人类重新认识自身。随着人工智能技术在生产、生活方面的广泛运用，人们将会越来越多地与机器人打交道，机器人在把人们从各种事务中解放出来的过程中，也将更多地参与我们的生活。怎样看待和处理好人与机器之间的关系将成为一个重要问题。同时，人类还要进一步思考自身价值的问题。一直以来，我们都把劳动、创造作为人类价值的源泉，但人工智能将在很多领域把人排除在外，即使需要人机协作的工作，人所承担的也只是协助、审核、干预等任务，并不能带来自主创造的成就感。可以说在未来，人的创造性也许将很大程度地体现在进一步发展人工智能技术上，但这只是少部分技术精英的事业，普通人可能会面临价值失落的问题。因此，人工智能的发展，必然要求人类探寻新的工作领域和新的生活模式。

最后，人工智能推动人类寻找新的发展模式。人类个体智能的发展相比人工智能来说，速度慢、效率低，但人类智能在创新型思维上具有自己的优势。人类要避免被机器人超越的命运，就要超越生物演化模式，发展“脑机接口技术”，未来在人脑中植入人工智能芯片也许会成为可能。为了提升人类的能力，以对抗机器的高度智能化，人类的发展可能将集合机器与大脑的共同优势。因此，我们不能固守着旧有的观点不放，我们必须把眼光着眼于宇宙，着眼于历史的长河，那么我们必然会为人类的创造力而惊叹，欣喜于人工智能技术开启的未来前景。虽然在这前景中，会有各种风险，但总体来说这些风险人类能够预测，通过全人类的共同合作，我们必将规划出一条安全的发展道路。

二、领导干部如何应对人工智能

展望未来，人工智能技术会进一步渗透到生活各个方面，人类社会也将面临一定的冲击和挑战。但无论怎样，人类都将能够配合技术的节奏，改造生产生活方式，重塑价值观念。变革意味着风险，能否规避风险，取决于人类自身的选择。道路已经敞开，思考该怎样走，就是各国政府、领导干部、技术精英、知识分子和每位公民的责任。故步自封和焦虑不安都是不可取的，我们唯有主动理解这场新的技术变革，积极探索建立新的规范系统和监管体制，为未来做好准备。

（一）迎接人工智能时代

当人工智能渗透到社会生活的方方面面，成为各领域发展的助推器时，人们也有种种忧虑。其中，最大的担心莫过于像《机械姬》《终结者》这类电影所表达的一样，这些人工智能机器人，威胁到人类的生存。与科学幻想中的惨境不同，其实我们正行进在一条激动人心的道路上，人工智能增强了人类认识世界、改变世界的能力，为解决全球性问题提供了新的方案。作为领导干部，要积极乐观地迎接新变化，在谨慎对待未来风险的同时，把科学技术运用到造福人类的事业上。

1. 一场新的工业革命

人工智能的发展是人类科学技术发展的延续和突破。科学技术作为一种生产力，是人类智慧和创造力的体现，是一种在人类历史上起推动作用的、革命性的力量，人类社会的每一次重大变革都与科学技术的成果密切相关。第一次工业革命发源于18世纪中叶的英国，以珍妮纺纱机和蒸汽机的使用为技术标志，人类生产活动通过用机器和化石能源代替手工劳动，极大提高了生产效率，现代意义上的工厂开始建立。可以说，第一次工业革命开创了以科学技术促进生产力发展的伟大时代，人的能力通过机器的使用得到了延伸和增强。第二次工业革命以电力和内燃机的广泛使用为标志，电器产品、新交通工具、新通信手段和化学工业的建立使整个工业的面貌焕然一新，人类物质生活得到极大丰富。第三次工业革命始于20世纪60年代，以原子能、电子计算机、空间技术和生物工程的发展为主要标志，随着计算机在各个领域的广泛运用，开辟了信息时代，人类社会发展出现了重大飞跃。尤其是进入21世纪，在信息通信技术、新能源、新材料等领域发生了革命性的技术创新，对人类的生产生活方式、思想观念和思维方式产生了颠覆性的影响。德国等欧洲国家提出了“第四次工业革命”的预言，人工智能的蓬勃发展是其显著特征。

从18世纪第一次工业革命以来，人类工业化的进程就没有停止过。工业革命打破了人类直接取用自然资源的限制，提高了利用自然、改造自然的能力。科学技术创新是工业革命的基础和灵魂，每一次科学技术的突破性进展，都会促使社会发生深刻的变革。正在到来的“第四次工业革命”，随着人工智能系统的广泛运用，已经让人们感受到了巨大的潜能。相比第三次工业革命，人工智能的发展不再是让机器像人一样思考，而是通过机器自己的方式，能像人一样解决问题。这种人工智能系统对人类社会的改变将是前所未有的，未来是“人工智能+”的世界。

人工智能首先改变了我们的日常生活。人与机器的交互由最初的键盘、鼠标，发展到手指，现在正在向语音发展。基于自然语言识别技术的发展，人与智能系统的交互将深入到每一个层面。

人工智能还将加快人类创新的步伐，为解决疾病、贫困、环境、能源、气候等问题提供新的方案。借助于人工智能对大规模数据的处理能力，将改变知识的发现模式，人和机器共同发现新知识。

以往的工业革命使人类社会得到空前繁荣，但与此同时也造成巨大的资源和能源消耗，破坏了生态环境，加剧了人和自然之间的矛盾。而人工智能的发展将改变增长方式，将是一场绿色工业革命。人类对自然和社会的认识更加全面透彻、对资源的利用更加合理，将减少能源消耗。

人工智能将带来一场新的工业革命。作为一种新的生产要素，将克服人类资本和劳动力的限制，为社会生产和发展带来新的机遇，改变生产结构，提升社会效率，解放人类劳动。社会生产作为一个系统，需要考虑资源、环境、劳动力、资金运用、管理等各方面的问题，每一个环节的滞后都会影响生产效能。相对于普通劳动力来说，人工智能没有人类身体的局限性，对劳动环境要求低，能够长时间工作，可以极大地降低生产成本。尤其是在人类不适合工作的环境中，人工智能可以稳定工作，减少无谓的牺牲。

我们正在见证的是一个数字化和智能化崛起的时代，这是人类历史进程中里程碑式的发展，它将开辟一个新时代。不仅社会生产生活会发生巨大变化，而且人类将可能用不同的方式书写历史，正如有些科学家说的那样，这将是“进化方式”的变化。

2. 奔向新未来

对于人工智能的影响，学术界和企业界主要有两种声音。一派是“人工智能威胁论”，以霍金和特斯拉的 CEO 马斯克为代表。霍金曾经强调“成功地创造出人工智能是人类历史上伟大的进步，但这极有可能是人类文明最后的进步”。2015 年 1 月，霍金和马斯克等人还签署了《应优先研究强大而有益的人工智能》的公开信，警告基于人工智能的军事用途可能会助长战争和恐怖主义。

与这种悲观论不同，大多数学者和企业家对人工智能持乐观态度，例如比尔·盖茨，早年多在倡导关注人工智能的威胁，但近年来已经更多地在提人工智能的积极意义，并称人工智能可以成为我们人类的朋友，机器学习使得人类的生产力大幅提高，让人们在更短的时间内完成工作，从而带来更多假期。Alphabet 董事长施密特则表示：“如果你担心人工智能在智商上超越人类、然后消灭人类，那你科幻电影一定是看多了。”不少科学家也认为，在很长的一段时间内，人工智能都无法达到人类的智慧程度和认知程度，更何况是超越人类。相反，随着人工智

可视化未来

能的发展，人类的能力会不断增强，人工智能将帮助人类更快更好地处理数据、分析问题、提供决策，帮助人类更好地解决生产、疾病、教育、环境等问题，打造更舒适便捷的生活样式。

不管人类将面临何种挑战和风险，人工智能时代就是我们的新未来。当前，我国正在积极部署国家层面的人工智能发展战略，中国企业也正在干劲十足地投资人工智能应用领域，而我国庞大的网络用户，更是为人工智能的发展提供了丰富的应用场景和数据，这些独特的优势有助于我国在新技术革命时代与发达国家保持同步甚至实现反超。

但同时也应该看到，我国人工智能发展还存在诸多不足，如技术能力短缺、相关科技人才匮乏、信息孤岛化、法律法规滞后、行业规则不明确等。我国要在新一轮技术革命中保持先发优势，运用人工智能技术改造传统产业，提高社会生产力，各级政府必须积极采取措施补齐短板，为科技发展创造良好的条件。

（二）学习善用人工智能

伴随着强大的计算能力、更先进的算法、大数据和移动互联网等诸多因素的发展，人工智能已经在社会生活中逐渐展开，其全面发展的势头已锐不可当。作为社会重大变革的见证者、参与者和引领者，领导干部们更要积极拥抱时代，了解人工智能，善用人工智能，合理规划监管，推进人工智能健康发展。

1. 了解人工智能，转变思维方式

人工智能是目前计算机科学的最新趋势，它的发展和运用，在社

会、经济和文化方面将带来深刻变革，不仅改变我们的生活方式，而且将重塑我们的思想观念。因此，人工智能并不只是科学研究者的事情，它关系到我们每一个人，影响我们每个人的观念、教育、工作、选择等。我们不能只做新时代的旁观者，而要积极参与其中，利用人工智能技术为我们的生活服务，提高工作能力，转变思维方式。

一方面，要主动学习人工智能知识。人工智能作为高科技成就，普通人很难理解它的技术原理，但是我们应该主动了解它的一般原理，它所带来的冲击、挑战和新机遇，以帮助我们更好地理解这个时代，理解未来的发展方向，主动应对新的挑战。目前关于人工智能的介绍和报道有许多，我们很容易就能获得这方面的知识。同时，还可以通过运用人工智能产品，切实体会人工智能的作用，比如使用各种手机助手、语音搜索和问答系统、智能音箱等。

另一方面，要深化理解，转变思维方式。人工智能系统通过从数据中提取知识，具有强大的预测和行为能力。在理解人工智能原理的基础上，我们要建立信息化、数据化的思维方式。信息量的爆炸式增长，要求我们有辨别有效信息的能力，并能够建立信息传递的畅通渠道，及时澄清不实信息的传播。在信息化时代，对信息的保密不是解决问题的有效方法，很多时候反而还会造成事态的恶化。在日常工作中，政府要开放公共事务信息，让百姓有知情权；在紧急事件中，政府要及时发布新信息，形成良性沟通模式。

数据化的思维方式，是人工智能时代进行决策的有效手段。互联网、物联网、云计算等的发展使我们能够获得并保存大量数据，人工智能技术的发展使我们具备处理大数据的能力。而大数据则使我们对事物间的关系有更好的认识，通过分析问题的多种影响因素，可以更好地掌握事物的发展趋势，从而形成正确的决策。

2. 运用人工智能，驱动产业升级

党的十九大提到“数字经济等新兴产业蓬勃发展”，并强调“加快发展先进制造业，推动互联网、大数据、人工智能和实体经济深度融合”。在国务院发布的《新一代人工智能发展规划》中，进一步提出要抓住人工智能发展的重大战略机遇，加快建设创新型国家和世界科技强国，并将人工智能作为促进产业变革与经济转型升级的核心驱动力。

中国人工智能的应用前景和市场潜力十分巨大，创业项目也出现了爆发式增长。根据“赛迪顾问”发布的2018年《中国人工智能产业投融资白皮书》，预计到2020年我国人工智能核心产业规模将超过1600亿元，增长率达到26.2%。目前人工智能产业结构中，硬件产品占比54.6%，智能传感器、智能可穿戴设备占比较高。人工智能创业项目主要集中于智能交互、计算机视觉、健康医疗、自动驾驶、智能家居等领域，其他行业也在探索人工智能的应用。

人工智能不仅自身是一个巨大的创业领域，而且能驱动传统产业的转型升级。自国际金融危机以来，全球产业格局面临重构，发达国家纷纷发布“再工业化战略”，我国作为制造业大国也面临着挑战和机遇。应用人工智能技术促进传统支柱产业的转型升级，是发展新经济的重要途径。

传统产业的转型强调的是要转变经济增长方式，主要包括：由投资驱动型产业转向创新驱动型产业，由资源消耗型产业转向资源节约型产业，由环境污染型产业转向环境友好型产业等。而产业升级更多的是强调产业在价值链上地位的提升，在产业链条、产品、工艺和流程等方面进行创新和提升。转型和升级是相辅相成的，都需要融合信息技术、人工智能技术，用科技成果带动传统产业升级。

在政策引导和技术推动下，人工智能正在驱动制造业转型升级，把传统企业打造成一个聚集信息、资源、数据的开放式平台，打通内外部资源流通渠道，打破信息不对称，推动了产业之间的跨界融合，催生了一大批新产品新业态新模式。深度学习等人工智能技术应用到制造系统中，对产品研发、生产管理、质量监控、故障判断和营销服务等环节进行智能化引导，不仅创新了生产模式，也提高了生产效率和产品质量。

3. 加强政策引导，合理规划监管

人工智能已经成为经济增长和社会进步的主要驱动力，各个国家纷纷出台战略规划，加快顶层设计，抢抓时代发展的主导权。为应对人工智能的发展趋势，政府管理部门要对人工智能技术与产业发展进行科学合理规划和监管。

其一，政策引导，促进人工智能全面发展。经过多年的积累，我国在人工智能研发和应用方面取得了重要进展，为促进我国经济社会转型发展、提高国家创新能力、把我国建设成世界科技强国作出了重要贡献。但是，中国人工智能整体水平与发达国家相比仍存在较大差距，尤其是在基础理论、核心算法及关键性的软硬件设备等方面差距较大。因此，要立足国家发展全局，政府统筹组织和系统制定人工智能发展路线图，发挥我们的长处，补齐短板，集中力量突破制约我国人工智能发展的基础理论、核心技术、高端人才等问题；要通过政策引导，整合产业和学界的力量推动技术创新，吸纳社会资本推动人工智能技术在生产和生活中的应用，协同构建完善的人工智能生态体系。

其二，为人工智能的发展制定合理框架，保证新技术安全地整合进日常生活和生产领域。当前人工智能技术不断从实验室走向实体产品，其应用需要扫除外部阻碍，应尽快修订与人工智能产业相关的法律法

规，为新技术的发展创造更好的法治环境，比如无人驾驶已经处于上路测试阶段了，但原有的《道路交通安全法》是以人类驾驶员为主体的，不适应无人驾驶车辆。尤其是当损害发生后，对责任人的确定很不清楚，迫切需要政府更新法律法规来保证新技术的应用。

其三，加强人力资本投资，进一步完善社会保障体系，缓解人工智能发展造成的现实冲击。现在各地政府都在部署“人工智能 +”产业的落地工作，用高新技术改造传统企业，必然要面临低技能工人再安置的问题。各地政府要重视人力资本投资，凝聚企业、社会的力量开展高技能培训，要合理部署高等教育、职业教育和成人教育的发展方向，进一步完善“基本收入”保障制度。通过制度创新，平衡技术创新给社会带来的风险。

其四，制定法律法规，保障人工智能健康发展。人工智能的发展前景既是巨大的机遇，也会带来冲击和挑战：一方面，人工智能作为信息化应用技术，受程序设计局限性和数据准确性的影响，在特定场景中会发生决策错误，从而造成人员和财产损伤。另一方面，人工智能技术在应用过程中，会出现一些破坏性影响，如果不重视人工智能对就业、法律道德和公平正义等方面的挑战，可能会加深社会鸿沟，造成社会的不安定。因此，政府部门要发挥规划引导和监管职能，确保技术开发过程中尊重人类价值规范，制定测量和评估人工智能的标准，研究和监管人工智能法律、伦理等问题；在技术运用中，遵循安全、透明、可控的原则，明确责任机制，构建一套科学合理的风险防范体系。2019 年 6 月，国家新一代人工智能治理专业委员会发布《新一代人工智能治理原则——发展负责任的人工智能》，提出了人工智能治理的框架和行动指南，强调了和谐友好、公平公正、包容共享、尊重隐私、安全可控、共担责任、开放协作、敏捷治理的八条原则。这是我国促进新一代人工智能健康发展，加强人工智能法律、伦理、社会问题研究，积极推动人工智能全球治理的一项重要成果。

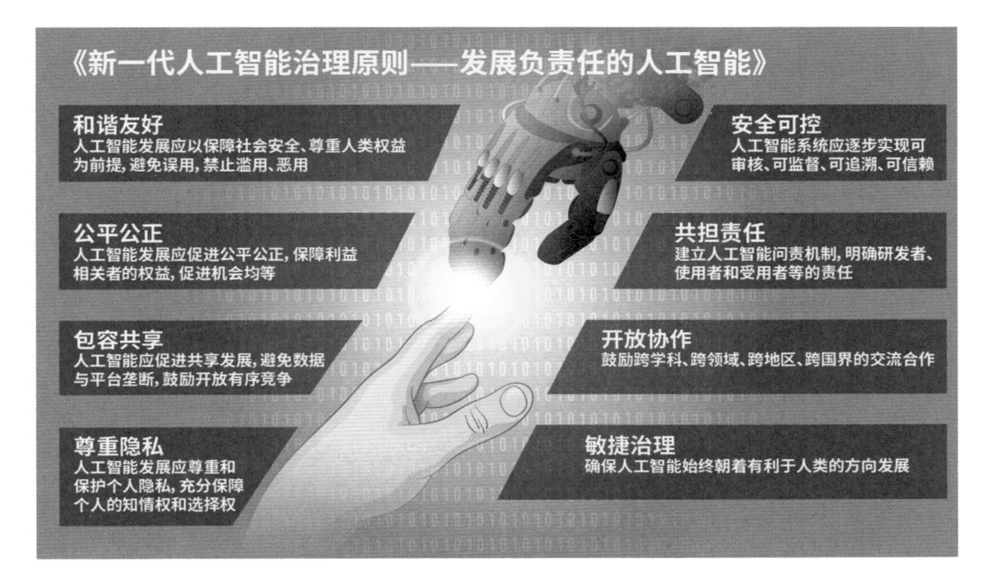

新一代人工智能治理八大原则

（三）努力建设智慧政府

现代政府事务日益复杂，尤其是人工智能技术在生产生活中的广泛运用，带来了许多新问题、新挑战。必须建设“智慧政府”，提升政府治理能力。

政府治理主要包括经济调节、市场监管、社会管理和公共服务四个方面。党的十九大提出，在新时代要转变政府职能，深化简政放权，创新监管方式，增强政府公信力和执行力，建设人民满意的服务型政府。智慧政府就是在信息技术飞速发展的现实情况下，为了适应和引领各行各业创新发展所实现的政府职能数字化、网络化、信息化和精细化。智慧政府具有快速反应、透彻感知、科学决策、主动服务等特征，我们可以从四个方面推进智慧政府建设。

第一，智能办公。采用人工智能、算法、移动互联网等技术，可以把传统的自动化办公系统改造为智能办公系统。智能办公系统能为公务员提供个性化服务，根据个人的职务、偏好、使用习惯等优化办公系统和交互界面；能够自动排序各种待办事项，并有自动提醒功能。智能办公系统还具有移动办公能力，并能共享政府知识数据库。

第二，智能管理。智能化的监管系统可以对监管对象进行自动感知、自动识别、自动跟踪，能够全面监测城市运行状况，对各种突发事件进行自动报警，并进行综合决策。如医疗监管系统可以对医生的开单检查、开具处方等诊疗行为进行审核，确保电子诊疗系统数据的客观公正性；可以通过在城市路口、小区、公共场所安装人脸识别功能的监视器，自动识别在逃犯、可疑情况等，并通过综合分析进行提前预警，有助于整个城市的数据整合。智能管理让城市从分散割据的状态变成一个网络系统，在功能上，由零碎化的管理向整体化、综合性的管理转变。

第三，智能决策。利用大数据技术建立智能决策系统，实现对经济运行、社会管理与服务、民生民情和应急事件等政府工作内容的政策制定和最终决策。智能决策能够加大公民参与的程度，促进公众与决策者之间的信息沟通，把公众利益与政府决策有效融合起来。并且通过大数据监测系统，科学分析决策后果，及时响应公众的反馈意见，通过多方参与协商，保障社会利益共赢。

第四，智能服务。利用信息化、大数据等技术分析用户需求、聚焦热点需求、归纳搜索概率等方式，全面准确地预测民众需求，为他们提供个性化服务。在整合政府各部门信息资源以形成虚拟政府的基础上，提高不同访问终端的可见性，推送网络热点资源，促进全网络办理模式，创新服务方式和服务渠道。构建以整合数据、共享数据、业务协同、网络办理为目标的智慧型虚拟政府。

信息技术、人工智能等的发展，使社会生产生活、组织管理方式、思维观念等发生了深刻的变化，在国家治理方面跨入了智慧政府的新阶段。要建设好智慧政府，更好地发挥政府职能，提高政府治理能力，需要重点做好以下三方面建设工作。

第一，建设大数据平台。大数据技术是智慧政府的技术基础和核心驱动力，是国家治理现代化的有效保障，要着重推进大数据平台建设。要推进政府数据开放与共享，制定数据开放路线图，数据开放要有标准、透明和安全。疏通数据流通渠道，破除数据交易壁垒，推进大数据相关产业发展。推进政务大数据应用，在安全生产、质量监管、医疗卫生、交通运输、社会保障等重要领域打造数据分析和应用样本。引导和培育物联网产业，发展人工智能创新产业，推进传统产业转型升级。

第二，继续推进电子政务建设。随着互联网的发展，我国的电子政务建设取得了很大的成效，政务服务中心已经遍布县级和市级，半数以上的审批功能已经转移到政府服务中心，简化了审批手续，疏通了办事流程，做到了以人为本。但是，电子政务供给和需求的偏差还比较大，政府服务标准化存在较大不足。要进一步完善政府信息化智能化建设，电子政府的平衡发展要以人民为中心，变被动服务为主动服务；要推进电子政务标准化建设，各部门之间要统筹协调，在服务界面、事项流程、平台建设、数据共享等方面制定标准，通过行政工作的标准化执行，为行政权力划定边界，统一优化行政过程，从而实现政府治理的智能化、专业化和法制化；要重新规划政府服务问题，破除数据孤岛，完成政府信息系统的整合共享。传统的条块式管理模式，使政府事务横向贯通难度大，导致信息碎片化、业务碎片化现象，形成诸多“数据孤岛”，要实现跨层级、跨地域、跨系统、跨部门、跨业务的协同管理和服务，就要在技术上、体制上推进智慧城市和智慧政府建设。

第三，加强制度建设，推进政府管理和社会治理模式创新。要完善党委领导、政府负责、社会协同、公众参与、法治保障的社会治理体制，实现政府决策科学化、社会治理精准化、公共服务高效化。要树立安全发展理念，健全公共安全体系，通过政策引导、法律规范，避免大数据开发和使用的负面效应，做到对数据的可控可用，保证信息安全。要深刻认识互联网、人工智能等信息技术在政府建设中的作用，以推行电子政务、建设智慧城市为抓手，以大数据为基石，以人工智能为引擎，不断探索政府管理和社会治理的新模式。

人类社会发展已经进入人工智能时代，但一些领导干部的思想还停留在工业时代。要适应新时代，必须革故鼎新，积极拥抱新时代的变革。主动改变的人，会走在时代的前列，引领时代；而消极的人，会被时代拖着走，最终被时代抛弃。未来的图景已经向我们展开，机遇和挑战并存，我们已经走在了智能生活的道路上，唯有发挥人类的所有智慧，去战胜文明进步带来的挑战。

在人类发展史上，我们遇到过许多重大时刻，面对重大抉择时，人类从来没有放弃过对信念的坚守、对价值的追寻和对智慧的运用。在浩渺苍穹中，人类不断通过自己的创造性证明自身的存在，相对于未来的高智能化社会来说，此刻我们才写下序章，科技的发展还有无限的可能性等待我们去发掘，还需要全人类联合起来为新世界制订最优航线。我们已经启程，在这段激动人心的旅程中，我们将留下不朽的印记。

后　记

作为新一轮科技革命的重要代表，人工智能经过60多年的演进，正由科技研发走向行业应用，成为全球经济发展的新动力。党的十九大报告指出，要“推动互联网、大数据、人工智能和实体经济深度融合”。国务院印发的《新一代人工智能发展规划》明确指出：人工智能的迅速发展将深刻改变人类社会生活、改变世界。人工智能成为国际竞争的新焦点和经济发展的新引擎，并为社会建设带来新机遇。

在以习近平同志为核心的党中央坚强领导下，在各部门、各地方和社会各界的共同努力下，我国抓住了人工智能发展的新机遇，人工智能持续健康发展，为我国经济实现高质量发展，建设世界科技强国和社会主义现代化强国发挥了重要作用。当前我国数字经济已经发展到了从“互联网+”走向“智能+”的新阶段。李克强总理在2019年政府工作报告中提出了要打造工业互联网平台，拓展“智能+”，为制造业转型升级赋能的要求。

与“互联网+”改变了生产关系、升级了传统行业生产、推动了跨界融合与创新相比，人工智能颠覆了社会生产方式与思维认知，并驱动着社会向智能化、智慧化方向发展，是诸多行业发展的新引擎。人工智能代表着数字技术发展的新阶段和新维度，人工智能与产业的融合将成为我国经济发展的大势所趋。人工智能的进一步发展将在很大程度上决定新一代信息技术、高端装备、生物医药、新能源汽车、新材料等新兴产业的发展，也决定着数字经济的发展壮大。

中国行政体制改革研究会以建设专业化、高水平的新型社会智库为目标，为建立完善的中国特色社会主义行政体制、提高政府决策科学化水平、建设服务型政府提供理论支撑、方案设计和决策咨询服务。自2015年中国行政体制改革研究会承担国家社会科学基金特别委托项目“大数据治国战略研究”以来，在课题组首席专家、国务院研究室原主任魏礼群同志的关心和支持下，一直组织专家队伍持续深化对大数据、数字中国、人工智能等问题的研究。随着人工智能的发展，我们意识到人工智能知识的普及远远不够。广大读者需要了解的知识很多，如：人工智能技术发展的新特点、新阶段和新趋势如何？我国人工智能产业在全球的地位是怎样的？各国发展人工智能产业都推出了哪些政策？人工智能如何赋能新时代中国的经济发展、社会民生和政务服务？如何理解和应对人工智能的现实冲击和未来挑战？……为更好发挥研究会职能，更好拥抱人工智能时代，需要编写一本适合领导干部和广大读者阅读的人工智能知识普及读本。

基于以上考虑，2017年5月，中国行政体制改革研究会“大数据治国战略研究”课题组组建了《人工智能读本》编委会，除中国行政体制改革研究会研究人员外，编委会成员来自科技部、中国信息协会、中国信息通信研究院、瞭望智库、百度公司、赛迪顾问公司等，有效整合了政府部门、学术界、企业界的力量和智慧。编委会组织精干力量，群策群力，集思广益地对读本的编写进行研讨。在研究路径上，我们不仅对人工智能的相关概念、重要技术进行了系统梳理，还重点关注人工智能领域的最新发展动向和行业创新应用，多次召开研讨会，吸收多方宝贵意见。我们还从世界上主要关注人工智能产业发展的国家战略出发，在翻译整理第一手资料的基础上加以分析，形成了包括美国、欧盟、英国等国家和地区在内的人工智能政策分析报告。在大家的共同努力下，历经一年多的时间，书稿终于得以出版。

本书以习近平新时代中国特色社会主义思想为指导，对人工智能领域热点问题进行全面展现，对人工智能的历史发展，我国人工智能的国家战略，人工智能在经济发展、民生改善、政府治理等方面的广泛应用和重大意义等作了简明通俗的阐释。本书还对国外主要国家和地区人工智能的相关政策、规划、举措进行了深入研究，对于人工智能给人类社会带来的挑战及其应对作了初步思考。

我们在研究过程中意识到，人工智能的推进会受到技术、人才、体制、环境和社会意识等因素的阻碍。只有加大力度鼓励自主技术创新，增强学科投入，培育优秀人才，完善体制机制和政策环境，并提升社会对人工智能的普及与接受程度，才能更好地拥抱人工智能时代，才能最终依托“智能 +”产业融合实现我国传统产业的优化升级与经济的可持续发展。

本书由中国行政体制改革研究会常务副秘书长王露同志，百度首席技术官、深度学习技术及应用国家工程实验室主任王海峰同志任主编。王露同志提出该书总体框架并进行统稿审阅，王海峰同志从技术和产业发展的角度给予指导。第一章由许元荣（瞭望智库）、胡思洋（瞭望智库）、黄林莉（百度公司）执笔；第二章由吴家喜（科技部战略规划司）、李修全（科技部战略院）、尚进（中国信息协会）、何宝宏（中国信息通信研究院）执笔；第三章由孙会峰（赛迪顾问公司）执笔；第四章由刘非（中国行政体制改革研究会）、楼程莉（百度公司）执笔；第五章由王蓉（中国行政体制改革研究会）、温昕煜（百度公司）执笔；第六章由郑妮娅（瞭望智库）执笔；第七章由王强（百度公司）、杨璐婕（百度公司）执笔；第八章由张红安（中国行政体制改革研究会）执笔。本书由孙文营（中国行政体制改革研究会）、赵承、陈曙东（中国科学院微电所）、许元荣任执行主编，黄林莉、张红安、王强、王爱民任副主编。本书图片由百度、赛迪顾问和视觉中国等提供，部分案例由中国人工智能产业发展联盟提供。本书涉及的知识多元且跨界，采纳的案例广泛分布于国内外各行各业，正是有了上述各位作者的密切配合、悉心付出，本书才得以付梓。

在此，我们特别感谢科技部党组书记、部长王志刚同志，国务院研究室原主任魏礼群同志为本书作序。感谢本书编写委员会顾问中国科学院院士陆建华同志，百度创始人、董事长兼首席执行官李彦宏同志给予的指导、关心和支持，他们对书稿的改进、完善提出了很多宝贵意见。还要感谢人民出版社领导、责任编辑和相关部门同志，他们为本书的出版付出了辛苦的努力。

本书是中国行政体制改革研究会国家社科基金特别委托项目“大数据治国战略研究”课题组，继《大数据领导干部读本》《数字中国》之后的又一重要成果。全书以简明流畅的语言行文，把案例作为重要的呈现形式，尽量避免使用过于专业化的词汇和图表等，保证了图书的可读性。

期待本书能够为领导干部、广大读者发挥积极的参考价值，为我国更好拥抱人工智能时代发挥积极作用。

王　露

2019 年 5 月 29 日

责任编辑：郭彦辰　钟金铃
封面设计：石笑梦
版式设计：汪　莹

图书在版编目（CIP）数据

人工智能读本 /《人工智能读本》编写组 著 . — 北京：人民出版社，2019.7
ISBN 978 – 7 – 01 – 020809 – 1

I. ①人…　II. ①人…　III. ①人工智能 – 基本知识　IV. ① TP18

中国版本图书馆 CIP 数据核字（2019）第 089819 号

人工智能读本
RENGONGZHINENG DUBEN

《人工智能读本》编写组　著

人民出版社 出版发行
（100706　北京市东城区隆福寺街 99 号）

中煤（北京）印务有限公司印刷　新华书店经销

2019 年 7 月第 1 版　2019 年 7 月北京第 1 次印刷
开本：710 毫米 ×1000 毫米 1/16　印张：18.75
字数：226 千字

ISBN 978 – 7 – 01 – 020809 – 1　定价：59.00 元

邮购地址 100706　北京市东城区隆福寺街 99 号
人民东方图书销售中心　电话（010）65250042　65289539